I0072973

Der kapitalistische und der technische Mensch

Von

Heinrich Hardensett

München und Berlin 1932
Verlag von R. Oldenbourg

Alle Rechte, einschließlich das
der Übersetzung, vorbehalten

Druck von Friedr. Stadler, Konstanz

Inhaltsverzeichnis

I. Einleitung

1. Problemstellung

Das Verhältnis von „Technik" und „Wirtschaft" wurde bislang sowohl in der Theorie als in der Praxis des industriellen Lebens in einer Weise formuliert und realisiert, die weder der Technik noch der Mentalität und der Erlebnisstruktur des Ingenieurs gerecht wurde. Es überwog und überwiegt jene Anschauung, welche die Technik der Wirtschaft unterordnet. Gegen diese Unterordnung in all ihren Färbungen richtet sich unsere Arbeit. Der Antrieb zu ihr entsprang also einem Widerspruch, der sich auf dem Boden ingenieurhaften Erlebens und Schaffens entwickelte und der dann nach denkerischen Wegen suchte, auf denen Klarheit über das Verhältnis von Technik und Wirtschaft zu gewinnen war.

In der *Praxis* des neuzeitlichen Industrialismus liegt Führung und Herrschaft durchweg in der Hand des Unternehmers oder Kaufmanns, deren Anordnungen vom Ingenieur befolgt und ausgeführt werden. Hier ist in der Tat gemäß einem Wort Gottl-Ottlilienfelds „die Technik die Magd der Wirtschaft". Diese Überwältigung der Technik durch die Wirtschaft, des technischen baumeisterlichen Menschen durch den wirtschaftlichen kapitalistischen Menschen, die sich in einem bestimmten historischen Prozeß vollzog und die also z e i t l i c h bedingt ist, wird nun meist als zeitlos unbedingtes R a n g - v e r h ä l t n i s begriffen. Man verwechselt das *was ist* mit dem *was sein sollte*. Schon eine kurze geschichtliche Besinnung zeigt aber die Bedingtheit dieser Rangordnung auf. In nicht-kapitalistischen Kulturepochen, z. B. in der handwerklichen Wirtschaftsverfassung des Mittelalters, steht dem händlerischen Menschen keineswegs Führung und Leitung des bauenden, schaffenden Menschen zu.

Von ähnlichen Trugschlüssen ist die *Theorie* der modernen Wirtschaft geleitet, wenn sie meint, das Verhältnis von Technik und Wirtschaft aus der Wirklichkeit „objektiv" bestimmen zu können. Dort, wo sie sich auf die Praxis des industriellen Lebens beruft, sind ihr die gleichen Einwände entgegen zu halten, mit denen soeben die unbedingten Ansprüche dieser Praxis zurückgewiesen wurden. Dort jedoch, wo die Wirtschaftstheorie zunächst die Begriffe „Technik" und „Wirtschaft" bildet, um aus ihnen logisch eine Rangordnung abzuleiten, ist entweder schon in der Begriffsbildung das Ergebnis implizite enthalten oder man leitet gemäß einer latenten Wertung ab, die dann als Ergebnis schließlich herausspringt. Wenn Andreas Voigt[1]) die Technik als Mittelwahl bei gegebenem Zweck und die Wirtschaft als Zweckwahl bei gegebenen Mitteln definiert, so ist von vorneherein in teleologischer Hinsicht abgegrenzt worden. Die Resultate der so beginnenden Untersuchung müssen notwendig t e l e o l o g i s ch v o r g e w e r t e t sein. Man könnte von vielen anderen ähnlich „richtigen" Grundfeststellungen ausgehen und würde ebenso viele verschiedene Rangordnungen ausmachen. Man könnte beispielsweise die Technik begreifen als Produkte schaffende Arbeit, also als den Kulturbereich, der die menschliche Tätigkeit an den Stoffen und Energien der äußeren Natur umfaßt, und die Wirtschaft als jenen Teilbezirk der Produktion, der die Verteilung der Produkte zu besorgen hat. „Wirtschaft" wäre dann lediglich Verteilungstechnik, und somit dem umfassenden Begriff „Technik" untergeordnet. Wird entgegnet, daß der ganze Komplex von Erzeugung, Verteilung und Verzehr üblicherweise mit dem Wort „Wirtschaft" und nicht dem Wort „Technik" benannt wird, so braucht man nicht um Wörter streiten und mag dem Wort „Wirtschaft" den Vorzug geben. Entscheidend ist aber dann innerhalb dieser Wirtschaft, ob sie ihre maßgebliche Gestaltung von Seiten der Produktion oder der Distribution oder des Konsums erhält, ob sie eine technische Wirtschaft oder eine kapitalistische Wirtschaft oder eine Konsumwirtschaft ist. Die Behauptung des logischnotwendigen oder wesensnotwendigen Vorrangs der Wirtschaft oder Technik formuliert sich dann präziser als Frage nach dem Primat der Produktions- oder Distributionsseite innerhalb des Wirtschaftssystems. Für dieses Problem ist aber ersichtlich mit Begriffsbildungen in der Art Voigts nichts erwiesen.

---

[1]) Andreas Voigt „Technische Oekonomik" (in „Wirtschaft und Recht der Gegenwart", 1912).

6

Noch in anderer Hinsicht ist der Abgrenzungsversuch Voigts lehrreich. Er setzt voraus, daß sich eindeutig Mittel und Zweck bestimmen und unterscheiden lassen. Die Mittel-Zweck-Folge läßt sich aber umkehren. Der Lebensreformer ißt, um zu leben, der Gourmand lebt, um genußreich zu essen. Was für den einen Zweck ist, ist für den andern Mittel. Dem Durchschnittsmenschen fällt der Komplex „Essen" überhaupt nicht in Mittel und Zweck auseinander, Essen ist ihm Lebensunterhalt *und* Lust. Der Motorenbau ist für den Kaufmann Mittel zum Geldverdienen; für den Ingenieur ist die Notwendigkeit des Geldverdienens Anlaß und somit Mittel zu schöpferischer Arbeit. Im extremen Fall ist es dem Einen gleich, ob er sein Geld mit Motoren oder Kolonialwaren verdient; dem Anderen ist es gleich, ob er viel oder wenig verdient, wenn er nur seine geliebten Motoren bauen kann. Dagegen wird der durchschnittliche Typus Lebensunterhalt und schöpferische Arbeit sinnvoll organisch verbinden. Voigt kann also mit seiner Definition nur arbeiten, wenn er eine bedingte Mittel-Zweck-Folge als unbedingt unterschiebt, wenn er die Totalität des technisch-wirtschaftlichen Kulturkomplexes in eine Mittel-Zweck-Reihe verzerrt, wenn er *eine* Seite wie extreme Menschentypen überbetont; seine Grundbegriffe sind nach der Teleologie des wirtschaftenden Menschen ausgestreckt. Er trägt die Wertung dieses Typus in seine Grundbegriffe hinein, sodaß jetzt notwendig mit den Augen dieses Typus gesehen und gefolgert werden muß. Und wie man durch eine blaue Brille die ganze Welt nur blau sieht, so sieht man von den Begriffen und Zweckreihen der Wirtschaft aus nur wirtschaftliche Begreifbarkeiten und Zwecksetzungen. Technik erscheint dann als der Wirtschaft untergeordnet, weil sie von vorneherein unter nur wirtschaftlichem Gesichtspunkt betrachtet wird.

Der Theoretiker Werner Sombart[1]) nennt „die Unterhaltsfürsorge, die der Mensch treibt, Sachgüterbeschaffung oder Wirtschaft. — Da es sich bei der Wirtschaft um Sachgüterbeschaffung handelt, so muß der Mensch Mittel anwenden, Dinge der äußeren Natur seinem Bedarf gemäß zu gestalten. Diese Mittel oder dieses Verfahren nennen wir Technik. Sie bildet gleichsam den Stoff des wirtschaftlichen Prozesses. —

---

[1]) Werner Sombart „Die Ordnung des Wirtschaftslebens", 1925, 1—2.

7

Es ist ersichtlich, daß bei dieser Auffassung die Gegenüberstellung von Wirtschaft und Technik keinen Sinn hat. Wirtschaft und Technik liegen auf zwei verschiedenen Ebenen. Wirtschaft ist ein Kulturbereich, Technik eine Verfahrensweise. Es gibt keinen mundus technicus *neben* einem mundes oeconomicus." Es gibt höchstens „ein spezifisch wirtschaftliches und ein spezifisch technisches Verhalten, die man (nach der treffenden Formulierung von Andreas Voigt) als einerseits Zweckwahl bei gegebenen Mitteln, andererseits Mittelwahl bei gegebenem Zweck bezeichnen kann. Nur muß man sich bewußt sein, daß diese verschiedene Einstellung auf jedem Gebiet menschlichen Handelns möglich ist. Der zum Tode Verurteilte in Dostojewskis Roman, der sich überlegt, wie er am zweckmäßigsten die letzten ihm noch verbleibenden fünf Minuten seines Lebens ausfüllen soll, denkt und handelt wirtschaftlich. Die Lebensgeschichte Casanovas hingegen ist in ihrem wesentlichen Bestandteil ein Traktat der (Liebes-)Technik."

Der Theoretiker Sombart, nicht der Historiker, folgt Voigt. Wirtschaft setzt Zwecke, ist darum Kulturbereich; Technik kombiniert Mittel und ist darum lediglich eine Verfahrensweise, sie bildet nur „den Stoff des wirtschaftlichen Prozesses". Also auch hier wiederum Ausstrecken der Grundbegriffe nach der Teleologie des wirtschaftenden Menschen. Wenn dann aber Voigts „treffende Formulierung" auf die Dostojewskische Figur und Casanova angewendet wird, enthüllt sich jäh Ursprung und Charakter solcher Begriffsbildung: Ihre nichtssagende allgemeine Gültigkeit, wenn sie objektive Begebenheiten beschreibt und ordnen will; ihre hemmungslose Verzerrung aller Werte im Blickfeld eines extremen Menschentypus, wenn man sie als subjektiv sinnvolle Aussage begreift. Die Theorie der Wirtschaft ist der wissenschaftliche Ausdruck des Menschentypus, der hinter dieser Wirtschaft als treibende Kraft steht. Seine einseitige Wertung prägt sich im Wirtschaftssystem aus und gelangt zwangsläufig vom Wirtschaftssystem in die Theorie dieses Systems. Die Feststellungen solcher Theorie über das Verhältnis von Technik und Wirtschaft sind also nur richtig in dem beschränkten Sinne „einer Technik unter wirtschaftlichen Gesichtspunkten"; sie erfordern eine Korrektur auf breiterer Basis.

Dem teleologischen Argument sehr ähnlich ist der rationalistische Beweis für den Primat der Wirtschaft vor der Technik, der als *ökonomisches Prinzip* bekannt ist. Das ökonomische oder wirtschaftliche Prinzip lautet: „Suche mit gegebenem Aufwand ein möglichst großes Ergebnis zu erzielen", oder „Suche ein gefordertes Ergebnis mit möglichst kleinem Aufwand zu erzielen". Das ökonomische Prinzip ist jedoch weiter nichts als die allgemeine Maxime einer rationalistischen Geisteshaltung: Handle nicht herkommensgemäß, sondern sei skeptisch, ziehe deinen Verstand, deine Ratio zu Rat, sieh zu, ob du es nicht besser machen kannst. In einer rationalistischen Kulturepoche folgen alle Kulturtätigkeiten der allgemeinen rationalistischen Maxime, der Ökonomie. Die Wissenschaft arbeitet ökonomisch (Avenarius, Mach), die Ästhetik der Malerei fordert die Ökonomie der Bildmittel und Sehvorgänge (Impressionismus), die Wirtschaft, die Ingenieurtechnik und das Sexualleben (Zwei-Kinder-System) folgen dem ökonomischen Prinzip. Setzt man Ökonomik schlechthin gleich Wirtschaft, dann wird einfach das allgemeine Kennzeichen einer historischen Epoche *einem* Kulturgebiet zugeschrieben. Mit der gleichen Methode läßt sich ebenso gut das ökonomische Prinzip der Technik zurechnen, wie es Gottl-Ottlilienfeld unternommen hat [1]).

Wird auf Grund des ökonomischen Prinzips die Technik der Wirtschaft untergeordnet, da sie ja angeblich diesem wirtschaftlichen Fundamentalsatz zu folgen habe, so ist dem Prinzip eine spezielle Deutung untergeschoben worden. Es ist vorausgesetzt worden, daß das „möglichst große Ergebnis" des Prinzips selbstredend ein Ergebnis im Sinne des wirtschaftenden Menschen zu sein habe, und das ist im modernen Wirtschaftsleben stets ein Ergebnis im Sinne des kapitalistischen Menschen, ein möglichst hoher Profit. Man setzt voraus, daß die Technik dem kapitalistischen Interesse zu dienen habe, und beweist dann, daß sie diesem Interesse notwendig dienen müsse. Man setzt als Zweck den Profit und schaltet alle anderen Zwecksetzungen aus.

---

[1]) Fr. von Gottl-Ottlilienfeld „Wirtschaft und Technik" (im „Grundriß der Sozialökonomik", 1923), siehe auch Eduard Spranger „Lebensformen", 1924, 322.

Daß das Ergebnis einer Arbeit außer in der erworbenen Geldsumme in körperlicher oder geistiger Schädigung oder Beglückung, in moralischer Einbuße, in ästhetischem und seelischem Gewinn oder Verlust, in Freuden der Gemeinschaft (Ansehen, Ehre, Freundschaft, Zuneigung, Verehrung usw.) sich niederschlagen könne, alles das wird beiseite geschoben. Die urtümliche Fülle schaffenden schöpferischen Menschentums wird zum homo oeconomicus. Der ökonomische Quotient „Ergebnis geteilt durch Aufwand" wird nur in Geldeinheiten ausgedrückt, es wird nur der Quotient des wirtschaftenden Menschen gebildet. Daß sich der rationalistische Quotient auch in anderen Einheiten bilden läßt, in denen er ganz verschiedene mathematische Form und damit ganz anderen Charakter, ganz andersartigen morphologischen und strukturpsychologischen Gehalt erhält, das ist an späterer Stelle detailliert nachzuweisen. Hier genügt es vorerst einzusehen, daß auch mit Hilfe des „ökonomischen Prinzips" die Technik nur gewaltsam der Wirtschaft untergeordnet werden kann; daß auch diese Art zu überwältigen vom Bewußtsein und Machtwillen eines bestimmten menschlichen Typus ausgeht, eben dem des wirtschaftenden Menschen; daß die mathematische Form des wirtschaftlichen Erfolggrades und der Versuch, den rationalistischen Quotient des Wirtschaftsmenschen anderen Lebensformen und Lebensinhalten aufzuzwingen, ein wertvolles Mittel für die Analyse dieses Menschentypus ist.

Wenn die bisherigen Versuche, das Verhältnis von Technik zu Wirtschaft zu ermitteln, als Ergebnis bestimmter vorgewerteter Anschauungen, als Welt- und Wertbilder bestimmter menschlicher Typen begriffen werden können, so würde ein neues theoretisches Gebäude vom technischen Gesichtspunkt aus zwar recht interessant sein, aber es könnte zur Klärung unseres Problems ebenso wenig grundlegend beitragen wie die vorliegenden Bemühungen. Es könnte ein Pendant konstruieren zu jener „wirtschaftlichen" Denkrichtung, die Technik unter nur wirtschaftlichen Gesichtspunkt begreift, indem es „Wirtschaft unter technischem Gesichtspunkt" darstellen würde. Und wie sich aus der Theorie der Wirtschaft der sie tragende menschliche Typus analysieren läßt, so ließe sich aus solcher allgemeinen Techniklehre der Typus des ingenieurmäßig wertenden, denkenden und empfindenden Menschen herausarbeiten. Dann stände Anschauung gegen Anschauung, Wertung gegen Wertung, Lebensform gegen Lebensform, Mensch gegen Mensch. Beide Typen ragen entscheidend in die Produktion — Distribution — Konsumtions-Sphäre hinein, aber es läßt sich weder der Vorrang des einen noch des anderen Typus wirtschaftstheoretisch oder technischtheoretisch beweisen. Aber indem die Theorien zurückgeführt würden auf die menschlichen Charaktere, deren Ausdruck sie sind, wäre einmal die Relativität wirtschaftswissenschaftlicher Urteile über die Technik erwiesen, und zweitens wäre aufgezeigt, daß es ein von der Wirtschaft unabhängiges technisches Wertbewußtsein gibt, daß also Technik nicht notwendig die Dienerin der Wirtschaft ist. Damit wäre dann allerdings eine neue grundlegende Einsicht in das Verhältnis von Technik und Wirtschaft gewonnen.

Die Analyse des technischen und des wirtschaftenden Menschen aus Wirtschaftstheorie und allgemeiner Techniklehre würde das Material, aus dem der wirtschaftende und der technische Mensch zu konstruieren sind, unnötigerweise auf den theoretischen Teilbezirk menschlicher Totalität begrenzen. Sie würde sich zudem erst eine allgemeine technische Theorie zu schaffen haben. Sinnvoller und zweckmäßiger ist es, alle subjektiven und objektiven Tatbestände zur Analyse heran zu ziehen: die Werke, die die uns interessierenden Typen schaffen, wie Organisation, Fabrikanlagen, Verkehrsunternehmungen, Rechnungswesen usw.; Rechtsnormen, Sittenlehren, politische, ästhetische, religiöse Ausstrahlungen usw.; theoretische Systeme, soziale Gestaltungen; endlich die vorliegenden Versuche, Mentalität und Struktur des kapitalistischen und des technischen Menschen darzustellen. Dabei ist die Konstruktion des kapitalistischen Menschentypus kontrollierbar an seiner historischen Realität, während der technische Mensch bisher nur vereinzelt sichtbar wurde. Der kapitalistische Mensch hat sich in einer ganzen Kultur ausgeprägt, hat in einem hochentwickelten wissenschaftlichen System seinen theoretischen Ausdruck gefunden und ist Gegenstand eingehender Untersuchungen geworden. Der technische Mensch hingegen beginnt erst sich seiner bewußt zu werden, eine allgemeine Techniklehre ist nicht einmal in den Anfängen geschaffen, Untersuchungen über Struktur und Charakter des technischen Typus liegen nur in mehr feuilletonistischen als wissenschaftlichen ersten zaghaften Ansätzen vor. Während die Analyse des kapitalistischen Menschen als Beschreibung einer historischen Menschenart geleistet werden könnte, muß der technische Mensch aus der Wesenheit technischer Arbeit konstruiert werden, er muß strukturpsychologisch entfaltet und aufgebaut werden. Der kapitalistische Mensch war und ist *so* und *so;* der technische Mensch müßte *so* und *so* sein, wenn er zu reiner Entfaltung käme. Der kapitalistische Mensch hat seiner Natur nach die Tendenz zu extremer Ausprägung, und er hat sich in der Tat extrem ausgeprägt. Der technische Mensch hingegen, so läßt sich vielleicht nachweisen, reicht so sehr in andere Bezirke menschlichen Seins und Wollens hinab, daß er vor extremer Ausprägung bewahrt bleibt. Der kapitalistische Mensch als Mensch der autonomen Distributionssphäre verfällt, einmal entfesselt, notwendig den monomanischen Gesetzen dieser Sphäre; der technische Mensch würde selbst als Mensch einer autonomen Produktion immer wieder verwiesen werden auf die anderen Komponenten menschlichen Seins, die notwendig in die Produktionssphäre hineinragen. Distribution hat nur Sinn innerhalb des Komplexes von Erzeugung, Verteilung und Verzehr; Produktion und Konsum aber sind sinnvolle menschliche Bezirke auch außerhalb der Zirkulation, ja sie sind wesenhaft gerade außerhalb des Zirkulationskomplexes. Nur ihre unwesentliche Seite ragt in die Zirkulation hinein. Dieser Sachverhalt läßt sich auch so formulieren: der kapitalistische Mensch läßt sich als historischer Typus konkret umreißen, der technische Mensch läßt sich nur in seinen Tendenzen erfühlen und umschreiben. Der eine ist einseitiger, extremer, und darum eindeutiger; der andere ist vielseitiger, komplexer, und darum vieldeutiger. Und in diesem Sinne kann man E. Spranger [1]) zustimmen, wenn er den ökonomischen Menschen den „idealen Grundtypen der Individualität", den technischen Menschen aber den „komplexen Typen" zurechnet.

Der kapitalistische Mensch, so sagten wir, ließe sich als historische Erscheinung beschreiben. Dabei wäre zunächst der Begriff „Kapitalismus" zu bilden, an Hand dessen das geschicht-

---

[1]) Eduard Spranger „Lebensformen", 1924.

12

liche Material dann gruppiert und gedeutet würde. Hier interessiert die Struktur des kapitalistischen Menschen, nicht seine Herkunft. Deshalb ist es ratsam, nicht nur den technischen Menschen aus dem Wesen technischer Arbeit, sondern auch den kapitalistischen Menschen aus Begriff und Wesenheit des Kapitalismus abzuleiten und zu deuten. Es wird folglich in den beiden Hauptteilen der Untersuchung jeweils zunächst Begriff und Wesen des objektiven Kulturgebietes festgelegt, um aus ihnen den korrelaten Menschentypus zu erarbeiten.

2. Methodik

Zur Methodik dieses Verfahrens sei in Kürze einiges bemerkt. Wenn Menschentypen entwickelt werden sollen, so liegt eine c h a r a k t e r o l o g i s c h e Aufgabe vor. So verschiedenartig auch immer Charakterologie betrieben werden mag, stets muß sie voraussetzen, daß hinter den Akten des seelischen Ablaufes etwas Konstantes steht, eben der Charakter des Menschen. Es müssen „über die zeitlich verlaufenden einzelnen Erlebnisse und Akte hinaus bleibende E r l e b n i s - d i s p o s i t i o n e n und A k t d i s p o s i t i o n e n im Einzelsubjekt" angenommen werden [1]). Die grundsätzliche Struktur eines Menschen, dieser sein Charakter, sein Wesen, kann nicht ohne weiteres aus dem empirischen Charakter erkannt werden; denn dieser ist unvollkommen, er hat Auswucherungen, ist verdeckt durch Unechtes und Aufgepfropftes, modifiziert durch das Lebensalter, verhüllt oder umgebogen durch Mode und Zeitströmungen. Eine theoretische Idealisierung ist aber unbedingt erforderlich [2]). Die entwicklungspsychologischen Wandlungen z. B. sind dadurch auszuschalten, dadurch theoretisch zu idealisieren, daß das Subjekt im Stadium der erreichten Reife betrachtet wird [1]). Die empirischen Unvollkommenheiten sind zunächst auszumerzen, dann sind die Lücken durch das Vollkommene zu ersetzen, ähnlich wie aus einem empirisch

---

[1]) Eduard Spranger „Lebensformen", 1924.
[2]) A. Pfänder „Grundprobleme der Charakterologie" (im „Jahrbuch der Charakterologie", 1. Jahrg., I. Bd., 1924).

unvollkommenen Kreis nach Wegdenken der Unvollkommenheiten der vollkommene Kreis gedacht werden kann. Das „ist aber kein Akt der bloßen Abstraktion, sondern ein Akt der theoretischen schöpferischen Konstruktion" [1]. Geht man von den empirischen Charakteren aus, so führt der Weg über die individuellen Grundcharaktere — das sind die durch theoretische Idealisierung gewonnenen „virtuell" vorhandenen Charaktere — zu den Arten und zu der Gattung des menschlichen Charakters [1]. Dabei können nach Pfänder vornehmlich Einsichten gewonnen werden in die subjektive Seite des Charakters, in seine Innerlichkeit: Umfänglichkeit der Seele, ihre Größe oder Kleinheit; ob weich oder hart, lehmig oder seidig; Fülle, Geschwindigkeit und Rhythmus des seelischen Lebensflusses, sein Wärmegrad usw. usw. Doch diese subjektive innerliche Seite menschlichen Wesens ist nach Spranger [2]) auch in die Welt der objektiven Gebilde eingefügt. Denn „in Wahrheit steht nun diese Innerlichkeit immer in Beziehungen zu objektiven Gebilden" [2], objektiv im dreifachen Sinn. Die Gebilde sind vom Einzelich unabhängig, ihm gegenüberstehend (Transsubjektivität), sie beruhen auf dem Zusammenwirken vieler (Kollektivität), sie haben drittens überindividuellen Sinn und Gesetzlichkeit (Normativität). Der Leistungszusammenhang, in dem das geistige Subjekt mit der Welt der objektiven Gebilde steht, diese wesensnotwendige Struktur des menschlichen Wesens kann phänomenologisch erfaßt werden, d. h. es bedarf nicht jenes empirischen Weges, der schließlich vom empirischen Einzelich g e n e r a l i s i e r e n d zu den Arten menschlicher Charaktere vordringt, sondern von einem einzelnen Fall aus kann „ideierend" das Gefüge erschaut werden [3]. Und wie nun die innerliche Seite des menschlichen Wesens außer den allgemeinen menschlichen Charakterzügen spezielle Merkmale aufweist, so zeigt auch die auf geistige Wesenheiten und Wesenszusammenhänge ausgerichtete Struktur typische Ausprägungen. Sie kann z. B. vorherrschend auf Erkenntnis ausgerichtet sein; als höchster Wert und Sinn wird also das Erkennen gesetzt, alle anderen Wert- und Sinngebiete werden

---

[1]) A. Pfänder „Grundprobleme der Charakterologie" (im „Jahrbuch der Charakterologie", 1. Jahrg., I. Bd., 1924).
[2]) Eduard Spranger „Lebensformen", 1924.
[3]) Theodor Litt „Individuum und Gemeinschaft", 1924.

14

dann unter theoretischem Gesichtswinkel begriffen, erlebt, ge-
fühlt. Es entsteht eine typische Art von Motivation und Ethos,
von ästhetischem Urteil und politischem Willen. Wird einmal eine bestimmte Sinn- und Wertrichtung als herrschend
gesetzt, so läßt sich wesensnotwendig die entsprechende Struktur konstruieren, gemäß der entscheidenden Lehre W. Diltheys.
Wird beispielsweise ein Typus gesetzt, der in der Gestaltung
der Natur höchstes Ziel und höchsten Sinn des Lebens sieht,
so kann dieser „baumeisterliche Typus" wesensnotwendig nicht
anarchisch, nicht fatalistisch, nicht destruktiv aufgebaut werden.
Wird andererseits ein Typus gesetzt, dem Erwerb höchster
Lebenssinn ist, so kann dieser Typus wesensnotwendig nicht
als beschaulich, nicht als tändelnd, nicht als ästhetisierend entfaltet werden. Der eine wird wesensnotwendig durch die Hingabe an ein transsubjektives Ziel zu kollektiven Sozialanschau-
ungen neigen, der andere wird ebenso wesensnotwendig zu
egozentrischen Sozialtheorien und Taten geneigt sein. Ähnliche
Wesensnotwendigkeiten wie für den Geist eines Menschen
gelten für seine Seele. Eine harte Seele im Sinne Pfänders [1]
kann nicht lehmig, eine große Seele nicht tändelnd sein; ein
aufrichtiger Charakter ist nicht verspielt, ein dramatischer
Lebensfluß nicht geziert. Wesensnotwendige Zusammenhänge
liegen auch zwischen dem seelischen Charakter und der
geistigen Struktur eines Menschen vor. Unser baumeisterlicher
Typus muß wesensnotwendig planend, vorüberlegend, gestal-
terisch, ausharrend sein; unser Erwerbstypus hingegen wird
fixer, unruhiger, zupackender, wagender sein.

Die Konstruktion von Menschentypen, so läßt sich zusammenfassen, folgt Wesensgesetzen. Ist einmal der Typus in
seiner Grundrichtung gesetzt, so läßt sich seine Lebensform
zwingend entfalten. Die so aufgebauten Typen sind durchaus
i d e a l e   T y p e n, sie vermeinen keine empirischen Charaktere,
sie sind also nicht durch Hinweise auf empirische Menschen
zu widerlegen oder zu beweisen, sondern sie bestehen zu Recht
oder zu Unrecht auf Grund ihres wesensgemäßen oder wesensungemäßen Aufbaues. Sie können gelegentlich als besonderer

---

[1] A. Pfänder „Grundprobleme der Charakterologie" (im „Jahrbuch
der Charakterologie", 1. Jahrg., I. Bd., 1924).

Glücksfall in der empirischen Realität auftauchen, aber sie sind in der Regel nur der Idealtypus, auf den die empirischen Menschen dieser Art „angelegt" sind, dem sie zustreben. Selbst-redend ist der ideale Typus nicht der durchschnittliche empirische Typus. Er wird auch nicht wie Max Webers „Idealtypus" nur rationalistisch konstruiert, sondern auch die irrationalen und affektmäßig bedingten Wesens- und Sinnseiten werden aufgebaut und nicht, wenn auch nur aus methodischen Gründen, als „Ablenkungen" dargestellt. Die ganze seelisch-geistige Struktur soll wenigstens grundsätzlich gezeigt werden.

II. Der kapitalistische Mensch

1. Begriff und Idee des Kapitalismus

Die Begriffe „Kapitalismus" und „kapitalistisch" sind durch Forscher wie Werner Sombart, Max Weber, G. Briefs, Paul Jostock u. a. in weitestem Maße geklärt worden. „Kapital" im kapitalistischen Sinn ist das Erwerbskapital; das „Produktivkapital" dagegen, das die produzierten Produktionsmittel umfaßt, ist ein technischer Begriff. Es wird besser als „Produktionsgut" im Gegensatz zum „Konsumgut" bezeichnet und bedeutet die materialen technischen Produktionsmittel. Der gewaltige Umfang des modernen Produktionsapparates wird zweckmäßig mit dem Begriff „Industrialismus" gedeckt.

Unter Kapital wird also stets Erwerbskapital verstanden, das ist „der Geldwert des gesamten dem Erwerb dienenden Vermögens eines Wirtschaftssubjektes"[1]. Auch Max Weber fordert ausdrücklich, „daß unter Kapital stets privatwirtschaftliches Erwerbskapital verstanden werden muß, wenn überhaupt die Terminologie irgend welchen klassifikatorischen Wert behalten soll"[2]. Und nach Sombart ist Kapital diejenige Tauschwertsumme, „die einer kapitalistischen Unternehmung als sachliche Unterlage dient. Das Wort soll also gleichbedeutend mit dem von der doppelten Buchhaltung erfaßten Geschäftsvermögen sein und bezeichnet zunächst eine einzelwirtschaftliche Erscheinung. Das gesellschaftliche Gesamtkapital ist nichts anderes als die begrifflich als Einheit gefaßte Summe der Einzelkapitale. «Das Kapital» ist also kein Dingbegriff, der etwa irgend welche Sachgüter bezeichnete. Diese sind vielmehr immer nur Symbole des Kapitals. Es gibt so viele Symbole, als es Sachgüter gibt, die beim Aufbau einer kapitalistischen Unternehmung mitwirken: Geld, Produktions-

---

[1] Paul Jostock „Der Ausgang des Kapitalismus", 1928, 3.
[2] Max Weber „Gesammelte Aufsätze zur Sozial- und Wirtschaftsgeschichte", 1924, 13.

mittel, Lebensmittel, Waren. Alles dieses *kann* Kapital sein, braucht es aber nicht. Alle diese Sachdinge sind Erscheinungsformen des Kapitals: Kleider, in die das Kapital sich hüllt, eingekleidet, investiert wird."[1])

Kapital ist Erwerbskapital, *die Idee des Kapitalismus ist Erwerb mittels Kapital*. Erwerb durch Raub, Erwerb durch Arbeit oder Streben nach Gelderwerb allgemein ist noch nicht „kapitalistisch"[2]). Erwerb mittels Kapital erfolgt durch formell friedlichen Tausch. Sein Ziel ist bilanzmäßiger Überschuß, ist Gewinn, Profit. Der kapitalistischen Wirtschaft ist „die Kapitalsumme ihr Ausgangspunkt, das Rentabilitätsbedürfnis ihre Leitidee, der entstehende Gewinn ihr Ziel"[3]). Nach Sombart[1]) hat die kapitalistische Unternehmung „ein einziges, ganz bestimmtes Ziel: den Gewinn. Sie hat nur dieses eine Ziel, weil sie nur dieses eine Ziel haben *kann*, da es sinnhaft allein ihrem Wesen entspricht. — Sie ist begrifflich nichts anderes als eine Veranstaltung zum Zwecke der Gewinnerzielung." Und im „kapitalistischen Unternehmer"[4]) heißt es: „Das kapitalistische Wirtschaftssystem wird beherrscht von der Erwerbsidee — — als ob auch nur eine auf kapitalistischer Basis ruhende Schuhfabrik eine Veranstaltung zur Erzeugung von Schuhwerk (statt von Profit) wäre." Schließlich definiert Max Weber: „ein kapitalistischer Wirtschaftsakt soll uns heißen zunächst ein solcher, der auf Erwartung von Gewinn durch Ausnützung von Tauschchancen ruht: Auf (formell) friedlichen Erwerbschancen also."[2])

In der Literatur bestehen Meinungsverschiedenheiten, ob der Begriff „Kapitalismus" erstens schon im Sinne obiger Definitionen gelten soll, oder ob er zweitens über das Wirtschaftliche hinaus ins Soziale erstreckt und auch ein ausgeprägter ökonomischer Rationalismus in den Begriff mit hineingenommen werden soll. Der erste Begriff wird von Max Weber, der zweite von Sombart, Briefs und Jostock gefordert. Diese Meinungs-

---

[1]) Werner Sombart „Das Wirtschaftsleben im Zeitalter des Hochkapitalismus", 1927.
[2]) Max Weber „Gesammelte Aufzätze zur Religionssoziologie", I, 1922, 4.
[3]) Paul Jostock „Der Ausgang des Kapitalismus", 1928, 3.
[4]) Werner Sombart „Der kapitalistische Unternehmer" (im „Archiv für Sozialwissenschaft", 29, 1909).

verschiedenheit ist aber für unsere Zwecke gleichgültig, sie betrifft lediglich die historische Anwendung des Begriffs. In der Max Weber'schen Fassung lassen sich kapitalistische Unternehmungen zu allen Zeiten und in fast allen Ländern nachweisen. In der Fassung von Sombart, Briefs und Jostock wird der Begriff vornehmlich angewendet auf die historische Erscheinung des modernen abendländischen Kapitalismus, des Hochkapitalismus. Charakterologisch bedeutet das folgendes: *Der kapitalistische Mensch ist schon mit der ersten Begriffsfassung prägnant gesetzt.* Die Begriffserweiterungen folgen wesensnotwendig, wenn die zentrale Idee des Kapitalismus — Erwerb durch Kapital — analysiert und entfaltet wird. Wird als oberstes Ziel der Erwerb von Überschuß gesetzt, so muß immer wieder Überschuß gewollt werden. Aus der Gelegenheitsunternehmung wird notwendig die Dauerunternehmung. Als Dauerunternehmung ist aber ein Beute- oder Abenteuererwerb nicht möglich, sondern nur ein formell friedlicher Erwerb. Soll dieser Erwerb mit Hilfe von Kapital erfolgen, so muß man Verfügungsgewalt über Kapital haben, und Verfügungsgewalt über die Kapitalnutzung, d. h. auf einer bestimmten technischen Produktionsstufe Verfügungsgewalt über kapitallose Arbeiter. Da immer wieder geldwerter Überschuß zu erwirtschaften gestrebt wird, wird wesensnotwendig die Überschußerrechnung zu vervollkommnen getrachtet, es wird eine spezifische Art von Rationalität immer höher entwickelt, eben die spezifisch kapitalistische Rationalität. Um immer wieder Überschuß mit Hilfe von Kapital zu erwirtschaften, muß auch das zuwachsende Kapital „arbeiten", es müssen stets neue Anlagemöglichkeiten geschaffen werden. Das ist, bei begrenzter geographischer Expansion, nur durch eine nicht stationäre Technik möglich.

Es lassen sich also von der kapitalistischen Grundidee aus, dem Erwerb durch Kapital, die weiteren Kennzeichen des Kapitalismus konstruieren: Dauerunternehmung, Gegenüberstehen der zwei Sozialgruppen der Kapitalbeherrscher und der kapitallosen Arbeiter, Rationalität und industrialistische Produktionstechnik. Eine historische Frage ist es dann, wie weit in der geschichtlichen Realität die Tendenzen des Kapitalismus zur Auswirkung kamen, ob man nicht vollentfaltete kapita-

listische Einzelwirtschaften schon als kapitalistisch bezeichnen
soll, ob man von Früh-, Hoch- und Spätkapitalismus reden
will, ob man nur dasjenige Wirtschaftssystem als kapitalistisch
ansprechen will, in dem die Mehrzahl der Unternehmungen
kapitalistisch geführt wird, oder in dem die Gesamtwirtschaft
kapitalistisch betrieben wird. Hier, wo es sich um charakterologische und nicht um historische Fragen handelt, sind diese
Probleme ersichtlich gleichgültig. Es wird Struktur und Wesenheit der kapitalistischen Idee analysiert und nicht die Realisierung dieser Idee in der Geschichte untersucht. Es wird der
kapitalistische Idealtypus aufgebaut und nicht der historische
kapitalistische Mensch gezeigt.

2. Begriff und Idee
des kapitalistischen Menschen

Kapital ist Erwerbskapital. Die Idee des Kapitalismus ist
Erwerb mittels Kapital. *Ein Mensch ist kapitalistisch, wenn
seine Interessen überwiegend auf den Erwerb mittels
Kapital gerichtet sind.*

Wie weit müssen aber die kapitalistischen Interessen überwiegen, um den kapitalistischen Idealtypus zu bedingen? Ver-
mutlich liegt der Idealtypus zwischen einem ausgeglichenen
und einem extrem einseitig entwickelten Typus. Bei dem einen
ist der kapitalistische Erwerbstrieb harmonisch in die Gesamtinteressen gebunden, bei dem anderen ist er pathologisch überentwickelt. Der eine Typus ist noch zu vage und zu unbestimmt,
er ist unterbestimmt. Der andere ist verzerrt und monströs, er
ist überbestimmt. Bei dem einen versinkt das Spezifische im
allgemeinen Menschlichen; bei dem anderen hat das Spezifische
das Menschliche erschlagen. Zwischen diesen Spannungen liegt
der Idealtypus; er tendiert aus der Nähe des harmonischen
Menschentypus zum Pathologischen. Die Tendenz geht vom
schwach entwickelten zum vollentwickelten und von dort zum
überentwickelten Typus. *Der vollentwickelte Typus ist der
Idealtypus,* er umfaßt den unentwickelten und überentwickelten
Zustand als Möglichkeit, als Tendenzen, als Ausgerichtetsein.

20

Er umgreift sie als s e i n e Gefahren, als s e i n e Artmöglichkeit, sich rückzubilden oder überzubilden; es sind die Pole, zwischen denen *sein* Schicksal sich erfüllen kann.

In der Literatur über Kapitalismus wird durchweg als repräsentativer Mensch der kapitalistische Unternehmer dargestellt. Es sei darum — und auch im Hinblick auf unsere Untersuchung des technischen Menschen — einiges über das Verhältnis des idealtypischen kapitalistischen Menschen zum kapitalistischen Unternehmer angemerkt.

Der idealtypische kapitalistische Mensch wird bei gegebener Entfaltungsmöglichkeit einen Beruf ergreifen oder sich einen Beruf schaffen, in dem er sich voll auswirken kann. Mit Recht hat man stets als diesen Beruf den des kapitalistischen Unternehmers erkannt. Damit ist nun zwar nicht der idealtypische kapitalistische Mensch mit dem kapitalistischen Unternehmer identifiziert, aber der idealtypische kapitalistische Mensch wird zum Beruf des kapitalistischen Unternehmers tendieren, er wird ihn, wenn eben möglich, ergreifen. Man kann kapitalistischer Mensch sein, ohne kapitalistischer Unternehmer zu sein; der echte Unternehmer jedoch wird stets ein kapitalistischer Mensch sein.

Schwieriger ist die Bestimmung des idealtypischen Berufs des technischen Menschen. So instinktsicher man meist im kapitalistischen Unternehmer und nicht im genialen schöpferischen Wirtschaftserfinder den repräsentativen kapitalistischen Menschen gesehen hat, ebenso selbstverständlich hat man fälschlicherweise durchweg den technischen repräsentativen Menschen im (technischen) Erfinder gesehen. Und vielleicht gehen die Mißverständnisse in der Analyse des Verhältnisses von Technik und Wirtschaft zu nicht geringem Teil auf diesen idealtypologischen Fehler zurück. Denn der geniale Mensch, welcher Lebensrichtung auch immer, ist wesensnotwendig nicht der *typische* Mensch dieser Lebensrichtung. Wohl werden in ihm einige Züge des typischen Menschen besonders klar ausgeprägt sein, aber er wird infolge seiner Genialität notwendig über den Typus hinausragen, er wird einseitiger oder umfassender, einmaliger und größer sein. Er wird vielmehr den Typus des genialen Menschen als den Idealtypus seiner Sinn- und Lebensrichtung verkörpern. Beispielsweise wird der geniale kapitalistische Wirtschaftsschöpfer, der „Erfinder" von neuen Wirtschaftsformen, seine zentralen Interessen vielmehr in der schöpferischen Arbeit als im Erwerb sehen, er kann sogar von durchaus a-kapitalistischen Motiven bewegt und beherrscht sein. Ebenso ist der technische Erfinder überwiegend auf den schöpferischen Einfall, auf das erfinderische Erlebnis, die irrationale Intuition gerichtet und nicht etwa bewegt von einem rationalen, konstruktiven, planenden, dauernden Gestaltungswillen. Der technische Erfinder hofft auf Glücksfälle, Eingebungen, Überraschungen; der technische baumeisterliche Mensch rechnet mit Gesetzen, Normen, Regeln. Der technische Erfinder ist dem Erzeugung-Verteilung-Verzehr-Kreislauf abgewandt; ihn bewegt überwiegend die Frage „ob es geht". Er ist Außenseiter, Individualist, Bastler, Grübler; ist einsam, einseitig, eingeschlossen. Wird nun der Erfinder als der repräsentative Techniker mit dem kapitalistischen Unternehmer verglichen, glaubt man in diesen beiden Typen die korrelaten Lebensformen der Technik und der Wirtschaft zu erfassen, so folgen notwendig alle jenen bekannten Mißverständnisse. Daß in der Sphäre von „Produktion-Distribution-Konsumtion" die Technik nur den Handlanger zu machen habe, da in der Tat der Erfinder seine Ideen nur in diese Sphäre hinüberreicht; daß der Distributionsseite die Führung der Wirtschaft zustehe, da der Erfinder in der Tat dafür ungeeignet ist; daß Wirtschaft und Technik auf zwei verschiedenen Ebenen liegen, da in der Tat der kapitalistische Unternehmer und der technische Erfinder Menschen zweier verschiedener Ebenen sind. Es ist also schon hier in Rücksicht auf unsere Darstellung des technischen Menschen zu betonen, daß *mit dem idealtypischen Menschen nicht der geniale kapitalistische Mensch gemeint sein kann.*

Damit sind folgende *Leitsätze gewonnen:*

1. „Kapital" ist Erwerbskapital.
2. Die Idee des Kapitalismus ist Erwerb mittels Kapital.
3. Ein Mensch heißt „kapitalistisch", wenn seine Interessen *überwiegend* auf den Erwerb mittels Kapital gerichtet sind.
4. Der kapitalistische Mensch ist ein idealer Typus. Der ideale Typus ist der vollentwickelte Typus. Seine idealtypische Funktion ist die des kapitalistischen Unternehmers und nicht die des genialen kapitalistischen Wirtschaftsschöpfers.

3. Analyse des kapitalistischen Menschen

a) Die Wirtschaft des kapitalistischen Menschen

Wenn die Interessen eines Menschen vorwiegend auf den Erwerb mittels Kapital gerichtet sind, so muß sich dieser kapitalistische Mensch vorwiegend in dem Gebiet der Wirtschaft betätigen. Versteht man unter Wirtschaft diejenige Lebenssphäre, die sich mit Erzeugung, Verteilung und Verzehr von Gütern befaßt, so sind zwei extreme Auffassungen möglich.

Man kann entweder der Auffassung sein, daß der Ausgleich von Produktion und Konsum die spezielle Aufgabe der Distribution sei; daß durch einen Marktmechanismus automatisch Erzeugung und Verzehr auszugleichen sind. Für diese Auffassung ist der Mensch des Marktes, der Händler, der bestimmende, der typische wirtschaftende Mensch. Da dauernder Erwerb mittels Kapital nur durch formell friedlichen Tausch zu erzielen ist, so ist der kapitalistische Mensch notwendig ein Mensch der Distributionssphäre. Der kapitalistische Mensch ist also für diese Auffassung der typische wirtschaftende Mensch. Vollentwickelte autonome Wirtschaft und Kapitalismus sind identisch. Mit E. Salin wird die historische Erscheinung der wissenschaftlichen Wirtschaftslehre verbunden mit der historischen Erscheinung des Kapitalismus. „Volkswirtschaftslehre als Wissenschaft ist eine Erscheinung, die ausschließlich der europäisch-amerikanischen Moderne angehört. — Ihre Bedeutung wird enden an dem Tage, da diese schon ermatteten Kräfte (Individualismus, Nationalismus, Kapitalismus) den Kampf aufgeben gegenüber neu aufkommenden oder alt erstarkenden Bindungen religiös-universaler Herkunft."[1]

Man kann aber auch der entgegengesetzten Meinung sein. Der Ausgleich von Erzeugung und Verzehr, so läßt sich mit Recht argumentieren, ist eine dienende Aufgabe, dienend dem allgemeinen Kulturwillen, der in Erzeugung und Verzehr in seinen wirtschaftlichen Ausprägungen sichtbar wird. Wahre gesunde Wirtschaft kann also nicht autonom sein. Das Erwerbs-

---

[1] Edgar Salin „Geschichte der Volkswirtschaftslehre", 1923.

prinzip des kapitalistischen Menschen ist in dieser Auffassung ein höchst u n w i r t s c h a f t l i c h e s Prinzip. „Das Zeitalter des Hochkapitalismus", sagt Sombart, „steht völlig einzig in der Geschichte da. — Denn solches ist ja doch wohl der Zusammenhang: Unter einem *Leitmotiv* oder kraft einer *Zwecksetzung*, die, wie schon Aristoteles wußte, im Grunde mit dem *Wirtschaftsleben nichts zu tun haben:* dem Gewinnstreben, ist ein Wirtschaftsleben von einer . . . Mächtigkeit entsprungen, wie es keine frühere Zeit gesehen hat; in der Verfolgung eines *so unwirtschaftlichen Zieles wie dem Gewinn* ist es gelungen . . . die Kultur von Grund auf umzugestalten." [1]

Beide Anschauungen sind sich über den Tatbestand als solchen einig, aber sie werten diesen Tatbestand verschieden, weil sie von verschiedenen Fassungen des Begriffs „Wirtschaft" ausgehen. Für unsere Zwecke genügt es, festzustellen, daß beide *dem kapitalistischen Menschen die Distributionssphäre zuweisen.* Denn formell friedlicher Dauererwerb mittels Kapital ist nur durch Tausch möglich. Aber die Geschäfte des Marktes, Tausch, Verteilung und Ausgleich können sehr wohl ohne das Erwerbsprinzip vollzogen werden, indem sie ihre Leitideen aus anderen Bezirken der menschlichen Kultur empfangen. Sombart ist beispielsweise der Ansicht, daß der mittelalterliche Händler durchaus von handwerksmäßiger Gesinnung getragen war, daß seine Handlungen dem Bedarfsdeckungsprinzip folgten. Aber der autonome Mensch des Marktes, der Mensch, in dem die Interessen des Marktes überwiegen, kurz der idealtypische Händler, muß wesensnotwendig dem Erwerbsprinzip verfallen. Und in diesem Sinne ist *der kapitalistische Mensch ein händlerischer, kommerzialistischer Mensch,* allerdings ein Händler solchen Ausmaßes, daß man für ihn das neue Wort „Kapitalist" prägte. Der kapitalistische Mensch dient nicht mehr den allgemeinen Kulturinteressen, sondern er will erwerben, dauernd erwerben, hemmungslos erwerben. Ein Tausch ist ihm nicht ein Tauschen von Gleichem gegen Gleiches, sondern die Hingabe eines Gutes gegen ein Gut von größerem Geldwert. Er will nicht nur *ein*tauschen und seine produktive Marktarbeit ent-

---

[1] Werner Sombart „Das Wirtschaftsleben im Zeitalter des Hochkapitalismus", 1927, XIV.

24

geltet bekommen, sondern er will darüber hinaus einen Gewinn machen, einen Überschuß erwirtschaften. Er will übervorteilen. Der *Tauschpartner ist ihm* nicht ein Mitmensch, ein Mitbürger, ein Mitglied der Gemeinschaft, ein Produktionskamerad, sondern ein *Fremder*, dem man unter Ausschaltung aller menschlichen Bindungen lediglich geschäftlich-objektiv gegenübertritt. (Daher waren die Fremden — Emigranten, Juden — stets hervorragende Träger kapitalistischen Geistes.) Deshalb hat der kapitalistische Mensch die Tendenz zum Versachlichen und Entpersönlichen der Wirtschaftsakte, deshalb wird der Erwerbstrieb in der Firma objektiviert, *Marktgesetze* werden erfunden, die Preisbildung wird mechanisiert, der Lohn rationalisiert. Schließlich werden der soziale Körper und der Staat ebenfalls so umgedeutet, daß nur noch die individualistischen, geschäftlich objektiven Beziehungen bleiben. Freie Wirtschaft, freie Konkurrenz und Freihandel werden gefordert. Wo nationalwirtschaftliche Kräfte wirksam bleiben, wird das kapitalistische Interesse auf den Auslandsmarkt abgedrängt; denn nur mit dem Fremden lassen sich wahrhaft kapitalistische Geschäfte machen. Daher die Überschätzung des Auslandmarktes und der Handels- und Zahlungsbilanz, daher die Vernachlässigung des Innenmarktes und — neben dem Einfluß anderer Strebungen — der imperialistische Expansionswillen.

Profit kann nur erwirtschaftet werden, wenn die menschlichen Bindungen dem Tauschpartner gegenüber fallen, wenn er als Fremder betrachtet wird. Deshalb will der kapitalistische Mensch möglichst vielen Menschen als Fremder gegenüberstehen, deshalb kämpft er gegen alle Bindungen des Gefühls, des Blutes und des Geistes an. Deshalb ist er I n d i v i d u a l i s t, deshalb werden persönliche Beziehungen versachlicht, so werden sie „fremd" und damit kapitalistisch nutzbar. Deshalb ist der kapitalistische Mensch R a t i o n a l i s t. Damit der Tausch zugunsten des kapitalistischen Menschen abschließt, muß der Partner überredet werden, denn er kann das Motiv des Tausches unmöglich offen eingestehen. Also wird das wahre Motiv verhüllt und auf den Partner mittels Suggestion eingewirkt: Reklame, Ausstellung, werbende Repräsentation, Kredit, Aufmerksamkeiten und Ehrungen geschäftlicher Art, Verbergen des individuellen Erwerbstriebs hinter dem sach-

lichen Institut der Firma und der Unternehmung u. Ä. Er überredet den Partner und vielleicht auch sein eigenes schlechtes
Gewissen, daß das eigensüchtige profitgierige Wirtschafts-
handeln am besten dem Gesamtinteresse diene und schafft eine
neue große Wissenschaft, dieses zu beweisen. Er erzieht die
Menschen zur kapitalistischen Idee, bis sie keinen Anstoß mehr
an dieser merkwürdigen Motivation nehmen. Er schiebt staatliche Interessen vor seine privaten Absichten. Er verbreitet mit
Erfolg die falsche Behauptung, daß seit jeher der Mensch eigen-
nützig und erwerbssüchtig gewesen und daß somit er, der
kapitalistische Mensch, durchaus der natürliche und wahre
Mensch sei. Kurz, der kapitalistische Mensch objektiviert, um
sich zu verhüllen. Er ist nicht bekennerisch, er wirkt nicht
durch sein Dasein und Sosein, sondern nur durch Taten.

Der kapitalistische Mensch will erwerben, er will möglichst
viel erwerben. Darum muß er seine Unternehmungen ver-
größern, ständig erweitern, er muß ständig expandieren. Er ist
vergrößerungssüchtig. Der Gewinnspielraum wird aber durch
andere Erwerbende eingeengt. Also muß er versuchen, die
konkurrierenden Erwerbenden auszuschalten oder ihnen möglichst viel Geschäftschancen zu entreißen, er muß K o n -
k u r r e n z machen: Konkurrenz aller gegen alle oder Konkurrenz von Gruppe gegen Gruppe; Leistungs-, Suggestions-
und Gewaltkonkurrenz. So wird Wirtschaft — ursprünglich
eine Veranstaltung zur vorsorglichen planenden Überwindung
des Kampfes ums Sein — selbst zum Kampf, zum Kampf um
den Gewinn. Sie wird abenteuerlich, gewagt, spekulativ,
chaotisch, schicksalhaft. Sie wird trotz aller Rationalität ihrer
Einzelmaßnahmen in ihren letzten Zielen durchaus von irrationalen dämonischen Gewalten bewegt; denn Ratio ist ihr stets nur
Mittel und nie und nirgends Zweck, wie auch der kapitalistische
Mensch meist nur ein Rationalist der Mittel und selten ein
Rationalist von Weltanschauung ist.

Aber trotz aller Expansion und Konkurrenz sind die
Gewinnchancen der Distributionssphäre bald an ihre natürliche
Grenze gelangt. Sie müssen — will der kapitalistische Mensch
sich weiter entfalten — künstlich erweitert werden. Indem
möglichst viele Tauschakte zwischen Erzeugung und Verzehr
eingeschaltet werden, wird der kapitalistische Erwerbsraum

durch solche Hypertrophie des Handels vergrößert. Vor allem aber wird Produktion und Konsum selbst dem kapitalistischen Interesse nutzbar gemacht. Der Bedarf und damit auch der kapitalistische Umsatz und der kapitalistische Gewinn werden künstlich gesteigert. Die Erzeugung wird der Verteilung unterworfen, sie wird kommerzialisiert und selbst wie ein Handelsgeschäft betrieben, sodaß auch in der Produktion und gerade in ihr kapitalistische Gewinne erzielt werden.

Der kapitalistische Mensch will erwerben, er will nicht etwa den Bedarf decken. Er reizt den Bedarf künstlich an, er erfindet neue Bedürfnisse, er erzwingt sie. Er will, daß möglichst viel wirtschaftliche Güter ersehnt, verlangt und verzehrt werden. Aber er selbst will erwerben, immer wieder erwerben und durchaus nicht verzehren. Er ist alles andere als genießerisch und materialistisch, er ist geradezu persönlich bescheiden. Er will auch keine genießerische *Konsum*entenschaft, er will Käufer, aber keine Konsumenten. Denn der wahre Konsument ist nur ein gezwungener Käufer, er kauft nur, was er bedarf, und er kauft es in Rücksicht auf den Verzehr, er kauft die Qualität, den Genuß und den Gehalt. Dem wahren Konsumenten bedeutet das Gut das, was es ihm bietet, und nicht das, was es kostet. Genußwert und Preiswert sind dem wahren Konsumenten in keiner Weise identisch, Gut und Geld sind ihm völlig inkommensurabel. Der kapitalistische Mensch hingegen sieht die Güter unter dem Gesichtspunkt des Gewinns, des Überschusses. Er sieht sie notwendig quantitativ, mengenmäßig, er sieht sie nicht als Träger von nutzbaren Eigenschaften, sondern lediglich als Träger von Erwerbsmöglichkeiten. Und selbst noch als Konsument macht er mit den Gütern Geschäfte. Er befriedigt ein Bedürfnis nur dann und nur so weit, als die zur Bedürfnisbefriedigung aufgewandte Unlust geringer ist als die durch die Bedürfnisbefriedigung bewirkte Unlustverminderung. Er konsumiert, um Lustprofit zu machen. So völlig indifferent diese Motivation auch in objektiver Hinsicht ist, ebenso entscheidend ist sie für die subjektive Gestaltung des konsumtiven kapitalistischen Aktes. Objektiv gibt es „gar keine Handlung, die ein Mensch zu seiner Bedürfnisbefriedigung vornehmen kann, die man nicht mit dieser Formel beschreiben könnte. Es

27

ist eine völlig indifferente Aussage."[1]) Aber indem der kapitalistische Mensch und zumal der kapitalistische Wirtschaftstheoretiker immer wieder mit dieser Formel den konsumtiven Akt begleiten und motivieren, wird er schließlich als ein Lust-Unlust-Geschäft empfunden. Er wird aller Qualitäten beraubt und verliert endlich auch seinen Lust-Unlust-Charakter, um nur noch in Geld vorgestellt zu werden. Eine Ware bietet dann soviel Genußmöglichkeiten, als sie Geldeinheiten kostet. Geldwert und Genußwert werden identisch. Die teuere Ware ist gut, weil sie teuer ist, die billige Ware ist schlecht, weil sie billig ist. Ein Genußmittel wird trotz erreichter Sättigung noch verzehrt, weil es Geld gekostet hat und geldwertes Gut trotz des gegenstehenden physiologischen Verhaltes Genuß bedeuten muß. Der Geldwert bestimmt die Qualität des Gutes. Bei ausgeprägterer kapitalistischer Gesinnung wird aber nicht nach der — wenn auch in Geld gemessenen — Qualität des Gutes gefragt, sondern ausschließlich nach der „Qualität" des Preises. Die Ware muß billig sein, auch der eigene Konsum muß einen Geldüberschuß abwerfen. Und da man durch die kapitalistische Motivation des konsumtiven Aktes den Sinn für Qualität, Gehalt und Genuß verloren hat, gibt man sich mit dem Anschein von Qualitäten zufrieden, wenn nur der Preis billig ist; man begnügt sich mit Ersatz, Talmi, Imitation. Man kauft, aber man genießt, man „konsumiert" nicht mehr.

Dieser kapitalistische Konsument ist dem kapitalistischen Marktinteresse preisgegeben. Er folgt den Suggestionen des hohen und des niedrigen Preises, der „Zugabe" und der „Prämie", der vorgetäuschten Qualität und der „Aufmachung". Da er nie wahrhaft verzehrt und wahrhaft genießt, da er keine wahrhafte Hingabe an das Gut kennt, ist er ewig unbefriedigt und somit ewig den neuen Bedürfnissen ausgeliefert. Da er Wert schlechthin mit Geldwert identifiziert, ist er überwiegend den niederen, wirtschaftlichen Gütern verfallen, eben den Gütern, die kapitalistisch ausgezeichnet genutzt werden können. Er ist trotz aller Begehrlichkeit ein höchst unsinnlicher Typus, ihm fehlt alles Epikuräische, alles Genießerische und Hingegebene. Er ist gierig und dabei asketisch, er ist materialistisch

---

[1]) Hermann Halberstaedter „Die Problematik des wirtschaftlichen Prinzips", 1925.

und doch erstaunlich unsinnlich, er ist diesseitig und doch von einer dämonischen Unruhe, er ist berechnend und doch von irrationaler Getriebenheit.

Der kapitalistische Mensch konsumiert nicht nur erwerbsmäßig, er versucht nicht nur den gesamten Konsum im Sinne des Erwerbsprinzips zu gestalten, sondern er greift auch in die Produktion ein. Er bringt auch die *Produktion* in seine Gewalt. Er wird Unternehmer der Produktion, aber er wird durchaus kein Produzent. „Man weiß auch", sagt Sombart, „daß die spezifische Unternehmertätigkeit gar nicht in der Vollziehung jener technischen Vorgänge, sondern in ganz etwas anderem besteht. Dieses andere ist . . . ein beständiges Kaufen und Verkaufen von Produktionsmitteln, Arbeitskräften, Waren usw. Daß das Soll und Haben des Hauptbuches mit einem Saldo zu Gunsten des kapitalistischen Unternehmers abschließe, in diesem Effekt liegen alle Erfolge wie aller Inhalt der in der kapitalistischen Organisation unternommenen Handlungen eingeschlossen" [1]. Und weiter „als ob auch nur eine auf kapitalistischer Basis ruhende Schuhfabrik eine Veranstaltung zur Erzeugung von Schuhwerk (statt von Profit) wäre" [1]. Rathenau behauptet sogar: „Ein Direktor, der konstruiert, ist unbrauchbar; als Direktor sicher, meist auch als Kontrukteur", was für einen r e i n kapitalistischen Betrieb zugestanden werden mag.

Die Werkstatt wird zur Unternehmung, die Produktion wird zu einem Teil der Distribution. Ihr Ziel ist nicht mehr die Produktivität, sondern die Rentabilität; nicht mehr die schöpferische Arbeit, sondern der Erwerb. Der kapitalistische Mensch entreißt dem produzierenden Menschen die Führung. Der Sinn schaffender Arbeit erfüllt sich nicht mehr in Konstruktionssaal und Werkstatt, sondern in der Buchhaltung. Es kommt nicht an auf ein gutes oder ein persönliches Werk, nicht auf eine schöpferische Gestaltung der Energien und Stoffe der Natur, nicht auf ästhetische Offenbarungen oder wissenschaftliche Leistungen, sondern es kommt nur und nur auf einen möglichst großen bilanzmäßigen Überschuß an. Qualität, Einmaligkeit, technischer Fortschritt, Schöpfung, Gestaltung,

---

[1] Werner Sombart „Der kapitalistische Unternehmer", 1909.

Schönheit, Wissenschaft werden nur zugelassen, wenn nur durch sie das Geschäft zu machen ist. Sie werden sofort fallen gelassen, wenn das Geschäft sie nicht fordert. Halske, ein typischer baumeisterlicher Mensch, liefert dem Siemens „zu gute" Apparate, während Siemens „marktgängige Waren" wünscht. Erfindungen werden nur kapitalistisch gewertet (soweit keine Staatsinteressen vorliegen). Zeiten wirtschaftlichen Niedergangs sind Zeiten technischen Aufschwungs (Sombart). Hier wird ein Ingenieur gezwungen, in einer Konstruktion von 32 Tonnen Gewicht trotz des technischen Widersinns weitere 8 Tonnen Gewicht unterzubringen, weil nach Gewicht bezahlt wird; es wird ein neues, produktiveres Verfahren angekauft, aber nicht durchgeführt, weil es so dem augenblicklichen kapitalistischen Interesse entspricht. Dort werden Waren vernichtet, um für den Rest besser Preise zu erzielen. Kurz, *der kapitalistische Mensch betreibt auch die Produktion als ein Erwerbsunternehmen.*

Die Arbeiter werden marktmäßig angeworben. Der kapitalistische Mensch macht auch mit ihnen ein — wenn auch nur formell friedliches — Tauschgeschäft. Neben den Waren-, Geld- und Kapitalmarkt tritt der Menschenmarkt, der Arbeitsmarkt. Menschliche Arbeit — ursprünglich ein sinnvolles und wesensreiches Geschehen von sich bewährender Kraft und Geschicklichkeit, lösendem Rhythmus von Spannung und Entspannung, von Ichentfaltung und Werkgestaltung, kunstvolles Werk der Hand und gedankenreiches Werk des Geistes — diese wesenhafte menschliche Arbeit wird unter dem Zugriff kapitalistischer Gesinnung zur bloßen Ware. Sie wird gehandelt, mit ihr wird gefeilscht. Der Handwerker wird zum bloßen Arbeiter, der Meister und der Baukünstler werden zu bloßen Angestellten. Der Führer und Lehrer wird zum Vorgesetzten, der Mitarbeiter und Produktionskamerad werden zu auf Zeit angeworbenen bloßen Kräften. Lohn und Gehalt werden erwerbsmäßig bestimmt, auch sie sollen einen Überschuß abwerfen. Die Arbeitsleistungen werden nur auf den geschäftsmäßigen Ertrag hin beurteilt, sie werden „aller qualitativen Unterschiedlichkeit beraubt und nur noch quantitativ vorgestellt, sodaß nun eine Aufrechnung in dem zahlenmäßigen Debet und Kredit möglich ist."[1] Der Wert der Arbeit liegt

---

[1] Werner Sombart „Der kapitalistische Unternehmer", 1909.

nur mehr im *Geldwert* der erzeugten Ware, und für den Arbeiter selbst im Lohn. Sie wird gemessen in Zeit-, Stück- und Geldeinheiten.

Die Arbeit findet ihren erfüllenden Sinn nicht in der Arbeit und im Werk, sondern außerhalb. Sie wird asketisch, sinnenfeindlich, dunkel, grau und seelisch schwer, sie lastet und drückt. Daher — und aus der individualisierenden Gewalt erwerbssüchtiger Gesinnung — die Vereinsamung des Arbeiters in sachlicher und menschlicher Hinsicht. Da der Zweck des ganzen Arbeitsprozesses sich für Unternehmer und Arbeiter erst im Kassenraum (Buchhaltung) realisiert, da die Organisation der Arbeit alle Kräfte auf diesen sachlich und zeitlich entlegenen Raum hin konzentriert, steht der Arbeitende sowohl dem Werkstoff, den Maschinen, dem Werkraum, als auch dem Mitschaffenden, dem Mitarbeiter und Vorgesetzten isoliert gegenüber, eine seelische Durchdringung der toten und lebenden Arbeitsumgebung scheitert an der sachlichen Gespanntheit des Betriebes auf das wirtschaftliche Endziel und an der parallelen inneren Gespanntheit des Arbeitenden auf seinen Lohn. Dieser dauernd auf den Ertrag gerichtete Wille erzeugt eine dunkle, schwere Stimmung des Gemüts, eine Angst zu spät und zu kurz zu kommen, eine Härte des menschlichen Gefühls zu Mensch und Ding, die alle Heiterkeit, alles Kameradschaftliche, alle spielerische Überwindung, alle frohe plastische Sinnlichkeit und geistklare Sieghaftigkeit aus der Fabrik verbannen. Denn mit kapitalistischer Gesinnung betriebene Arbeit ist nur auf den Erwerb ausgerichtet; denn die „kapitalistische" Arbeitsorganisation ist nur auf den Erwerb zugeschnitten.

Dauernder steigernder Erwerb mittels kapitalistischer Nutzung menschlicher Arbeit fordert dauernde steigende Arbeitsleistung. Je mehr Arbeit geleistet wird, umso größer wird die gehandelte Arbeitsware und mit dem größeren Umsatz steigt der kapitalistische Überschuß. Deshalb will der kapitalistische Mensch möglichst lange und möglichst intensive Arbeit. Jede Entspannung und jede Besinnung, jede anschauliche Versenkung und jedes seelische Aufatmen während der Arbeit, das zwar den menschlichen, aber nicht den geldwerten Ertrag der Arbeit erhöht, erscheint dem kapitalistischen Men-

schen als Verlust; denn „Zeit ist Geld". Darum zwingt er den
Arbeiter durch straffe Zucht und Aufsicht zu asketischer unab-
gelenkter Leistung (Zeitstudien, Taylor). Darum werden in
kapitalistischer Frühzeit Kinder, Arme und Vagabunden durch
Polizeigewalt zu kapitalistischer Arbeitsbesessenheit zwangs-
mäßig erzogen. Darum werden Lohnsysteme eingeführt, die
zunächst durch sinkende Löhne erhöhte Arbeitsleistungen er-
zwangen; denn bei steigenden Akkorden arbeitete der noch
nicht kapitalistisch erzogene Arbeiter nur so viel, daß das ihm
gewohnte Existenzminimum gerade erreicht wurde. Er arbeitete
also bei gleich bleibenden Bedürfnissen und steigenden Akkorden weniger als vorher, während der kapitalistisch erzogene
Arbeiter erwerbsmäßig denkt, also nur durch steigende Löhne
und Prämien zu steigender Leistung angespornt werden kann.

Der kapitalistische Mensch entfacht in seinem unendlichen
Erwerbsdrang eine ungeheure, nie gekannte Arbeitsdämonie.
Beschleunigung des Geschäfts, Beschleunigung der Arbeit und
Beschleunigung der allgemeinen Lebensführung wird erstrebt.
„Man hält es für wichtig, wertvoll, notwendig — und richtet
danach sein Handeln ein — rasch zu gehen und zu reisen, am
liebsten zu fliegen, rasch zu produzieren, zu transportieren, zu
konsumieren, rasch zu sprechen (Bildung von Wortungeheuern
aus den Anfangsbuchstaben mehrerer Worte! Telegrammstil!),
rasch zu schreiben (Kurzschrift!). Mit Vorliebe setzt man das
Wort «Schnell» vor alle möglichen Vorgänge und Vornamen:
Schnellzug, Schnelldampfer, Schnellpresse, Schnellbleiche,
Schnellphotographie."[1] Man beschleunigt den Kapitalumschlag
durch ein hochentwickeltes Kreditsystem, man befreit die
Produktion nach Möglichkeit von organischer Gebundenheit,
indem man die organische Basis durch eine anorganische ersetzt:
Holzkohle durch Steinkohle, Bauholz durch Eisen, natürlichen
Indigo durch synthetischen Indigo, tierische und menschliche
Arbeitskräfte durch Kraftmaschinen usw. usw. Man vernach-
lässigt die Landwirtschaft, da sie nur begrenzt intensiviert und
extensiviert werden kann.

Auch der technische Mensch will Beschleunigung, Schnell-
betrieb und Intensivierung; er, der technische Mensch, hat sogar

---

[1] Werner Sombart „Das Wirtschaftsleben im Zeitalter des Hochkapitalismus", 1927, 24.

32

die sachlichen Beschleunigungsmittel und -Verfahren geschaffen. Aber er will — wie später eingehender zu erweisen ist — Zeit sparen, um mehr Zeit zur Verfügung zu haben. Denn Technik ist nicht unendlicher Fortschritt um der unendlichen Bewegung willen, sondern Entfaltung technischen Geistes bis zum vollendeten technischen Kosmos. Der kapitalistische Mensch dagegen, der sich die Verfügungsgewalt über technische Schöpfungen erobert hat, will Zeit sparen, weil Zeit Geld ist; er will auch die „ersparte" Zeit zu weiterem Erwerb ausnützen. Er will unendlichen Fortschritt um des unendlichen Profits willen. In seiner Hand werden immer wieder technische Verheißungen zu Enttäuschungen. Immer wieder wird das neue „zeitersparende" Verfahren nicht zur Verminderung der Arbeitszeit, sondern zur Ausdehnung der Produktion benutzt. Immer wieder wird eine große technische Tat ihres humanitären, befreienden, beschwingenden oder heiteren Gehalts beraubt, um kapitalistisch ausgebeutet zu werden.

Der kapitalistische Mensch betreibt auch die Produktion erwerbsmäßig, er macht in ihr Gewinne durch vorteilhafte Ausnutzung von Tauschchancen. Sein Interesse ist wesentlich auf Nutzung solcher Tauschchancen gerichtet, auf Tauschgeschäfte, die für ihn mit einem Plus abschließen, d. i. auf Rentabilität. Seiner Gesinnung und seinem Wissen liegen Verbesserungen des Produktionsapparates fern. „Produktivität" ist ein mit der Mentalität des Tausches unfaßbarer Begriff. Der kapitalistische Mensch ist daher viel eher geneigt, Gewinne durch Ausbau der Verkaufsorganisation, durch Finanzaktionen, durch Lohn- und Gehaltskämpfe und durch Eroberung schwächerer Auslandsmärkte zu erzielen, als sie durch produktive Verbesserungen der Werkanlagen wahrhaft zu schaffen, zumal solche „Produktionsgewinne" meist mit größerem Risiko und längeren Erfolgszeiten belastet sind. Technische Erfindungen und Fortschritte müssen oft gegen den Willen der kapitalistischen Unternehmer durchgesetzt werden. Zeiten wirtschaftlichen Niedergangs, Zeiten, in denen die kapitalistische Kunst versagt, sind Zeiten des technischen Fortschritts. Die Konkurrenz e r z w i n g t technische Fortschritte, d. h. sie werden gegen den eigentlichen Willen der kapitalistischen Menschen durch das System durchgesetzt, aber nur soweit durchgesetzt, als eben unvermeidlich ist. Sie werden jedoch nie bis zur erlösenden, befreienden, wahrhaft Zeit, Muße und Kultur schaffenden Wirkung realisiert. Denn der kapitalistische Mensch kann sich nicht selbst aufheben. Lieber wird die Konkurrenz durch Vereinbarung (Syndikat, Trust, Kartell, Monopol) behoben, lieber wird der Druck überlegener ausländischer Produktionstechniken durch Zölle abgewehrt. Der kapitalistische Mensch treibt aus eigenem Impuls nur Suggestions- und Gewaltkonkurrenz. Leistungskonkurrenz dagegen wird ihm nur abgezwungen. Wenn daher Sombart[1]) die drei Unternehmertypen des Fachmanns, Kaufmanns und des Finanzmanns unterscheidet, so vermögen wir als k a p i t a l i s t i s ch e Unternehmertypen nur die Typen des Kaufmanns und des Finanzmanns anzuerkennen. „Der Fachmann geht von seinem Erzeugnis aus, dem er zum Erfolg verhelfen will. — — — Im Mittelpunkt der Interessen des Fachmanns und seiner Bemühungen steht die Organisation des Werkbetriebes. — — — Von den drei verschiedenen Möglichkeiten der Konkurrenz neigt er der Leistungskonkurrenz zu. Man hat diesen Typ *Captain of Industry* genannt." Das ist in unserem Sinne ersichtlich *kein kapitalistischer* Unternehmer. Vielleicht will auch Sombart das andeuten, wenn er feststellt: „In gewissem Sinne folgen sich die drei Typen (Captain of Industry, Businessman, Corporation financier) in der hier gewählten Reihenfolge auch zeitlich aufeinander. Der reine Fachmann gehört mehr der frühkapitalistischen als der hochkapitalistischen Epoche an, in der viel mehr die beiden anderen Typen immer häufiger erscheinen."

Aus der erwerbsmäßigen Gestaltung der Arbeit folgt auch die erwerbsmäßige Wertung der Arbeit und der Berufe. Die Arbeit wird vom kapitalistischen Menschen nicht nach ihrem inneren menschlichen, seelischen und ethischen Wert geschätzt, sondern vorwiegend nach ihrem geldwerten Ertrag. Die höchstbezahlte Arbeit ist die wertvollste, der ertragreichste Beruf ist der angesehenste. Berufsethos wird zu Erwerbsethos, Berufsgemeinschaft wird zu Interessengemeinschaft, Stände werden zu Unternehmerverbänden und Gewerkschaften, Sozialgruppen werden zu Klassen.

---

[1]) Werner Sombart „Das Wirtschaftsleben im Zeitalter des Hochkapitalismus", 1927, 15—19.

34

b) Die Wirtschaftstheorie des kapitalistischen Menschen

Der kapitalistische Mensch hat notwendig eine kapitalistische Ansicht von der Wirtschaft. Kommt er zur Entwicklung einer Wirtschaftstheorie, so wird diese notwendig kapitalistisch sein, d. h., sie wird in ihren Grundideen und Ansätzen, ihrer Systematik, ihren Akzenten und ihrer Methodik von kapitalistischer Gesinnung sein. Denn die Theorie der Wirtschaft ist der wissenschaftliche Ausdruck des Menschentypus, der hinter dieser Wirtschaft als treibende Kraft steht. Die Fundamente der Wirtschaftstheorie des kapitalistischen Menschen sind hier aus der Wesensanalyse des kapitalistischen Menschen in großen Zügen aufzubauen. Sie folgen, wenn das schon analysierte Verhältnis des kapitalistischen Menschen zur Wirtschaft in die wirtschaftwissenschaftliche Ebene übertragen wird. Eine Untersuchung der wirtschaftstheoretischen Systeme auf ihre kapitalistischen Elemente ist dabei methodisch nicht erforderlich. Zweckmäßigerweise sollen aber der besseren Anschauung halber gelegentliche Hinweise gegeben werden.

Ein Mensch ist kapitalistisch — so hatten wir definiert —, wenn seine Interessen überwiegend auf den Erwerb mittels Kapital gerichtet sind. Eine Wirtschaftstheorie ist kapitalistisch, so muß gefolgert werden, wenn sie Wirtschaft als Erwerbswirtschaft begreift. Sie wird eine so wenig natürliche Zwecksetzung wie den Gewinn und eine so wenig natürliche Motivation wie das eigennützige Gewinnstreben als selbstverständlich in das Zentrum ihres theoretischen Gebäudes setzen. Quesnay leitet aus dem Naturrecht das Recht auf ökonomisches Eigeninteresse ab und führt erstmals im physiokratischen System „die Verfolgung des Eigennutzes als naturrechtliches Postulat der Wirtschaftslehre" durch. Daraus ergibt sich „der *Eigennutz als wirtschaftliches Grundprinzip*, als treibende Kraft auf dem Gebiete der Wirtschaft (was dem asketischen Mittelalter fremd gewesen war)"[1]. Ebenfalls ist für Adam Smith

---

[1] Othmar Spann „Die Haupttheorien der Volkswirtschaftslehre", 1920, 42, 57—60.

„in gleicher Weise wie für die Physiokraten der Eigennutz des Einzelnen die treibende Grundkraft der Wirtschaft. Der Eigennutz ist die Quelle aller wirtschaftlichen Erscheinungen"[1]). Auch D. Ricardo macht den Eigennutz zur Grundmotivation der Wirtschaftslehre, und damit auch die Mehrzahl der Wirtschaftstheoretiker des 19. Jahrhunderts, die auf den Klassikern aufbauen. Zumal bei den Grenznutzlern aller Schattierungen wird das Grundprinzip des Eigennutzes in der Bedürfnisbefriedigungs-Theorie subjektivistisch-psychologistisch verschärft und in die Theorie der Konsumtion hineingetragen. Auch die Produktion und die Arbeit wird händlerisch, und das ist erwerbsmäßig, analysiert.

Gewinne, Überschüsse, Profite werden durch Tausch gemacht. Überschußwirtschaft, und das ist kapitalistische Wirtschaft, ist Tauschwirtschaft. Die Wirtschaftstheorie des kapitalistischen Menschen muß deshalb vorwiegend Tausch-, Markt- und Zirkulationstheorie sein. In der Tat ist die Wirtschaftstheorie seit den Physiokraten zunehmend zirkulationsproblematisch orientiert. Die Physiokraten gingen noch auf den *erzeugenden* Kreislauf der Wirtschaft aus; für Smith bestimmt zwar noch die Arbeitsteilung den Aufbau der Wirtschaft, sie ist ihm jedoch wesentlich nur Ursache des Tausches. Die Tauschwertbildung aber bestimmt den Wirtschaftsprozeß. „Die Gesetze, nach denen sich der Tauschwert bildet, erscheinen zugleich als die Gesetze der Reichtumsbildung der Völker, weil nur nach dem Tauschwert erzeugt wird. Der Reichtum hängt sonach nicht zuerst von der Größe der Gütererzeugung, sondern vom Tauschwert der Güter ab! — — — Die Wert- und Preistheorie wird nun zum Angelpunkt der volkswirtschaftlichen Theorie!"[1]). Bei Ricardo fällt schon das Kapitel „Produktion" ganz aus. Auch die sozialistische Theorie ist Tausch- und Verteilungs- und nicht Erzeugungstheorie. Die Grenznutzler begreifen Wirtschaft nur noch aus den subjektiven Wertschätzungen *tauschender* Individuen[2]).

---

[1]) Othmar Spann „Die Haupttheorien der Volkswirtschaftslehre", 1920, 57—60.

[2]) Siehe hierzu auch Werner Sombart „Der moderne Kapitalismus", 5. Auflage, 2. Bd., 916—917.

Überall werden Märkte gesehen, auf denen erwerbssüchtige eigennützige Subjekte gewinnbringende Tausche vollziehen. Konsumieren wird zum Konsummarkt, auf dem Unlustgefühle gegen Lustgefühle gehandelt werden und auf dem man „Konsum-Erträge" erzielen will. Arbeitsmärkte werden gebildet, auch der Lohn wird marktmäßig abgeleitet, er wird von den Gesetzen des Marktes her bestimmt und ist nichts anderes als ein Preis. Ebenso wird die Produktion vom Markte her begriffen. Der Tauschwert bestimmt die Erzeugung, die Produktivgüter leiten ihren Wert von den Früchten ab, die Kosten sind nicht Ursache, sondern Folge des Marktpreises, Kosten sind lediglich „entgangener Nutzen". Die Fiktion des Marktes wird überall durchgeführt, nicht marktmäßig umgesetzte Güter werden vernachlässigt, die Produktion wird aufgefaßt als ständiges Tauschen von Gegenwarts- und Zukunftsgütern. Geld ist vornehmlich ein *Tausch*mittel, nicht etwa ein Produktivitätsmittel, wie Eisenbahnen, Straßen und technische Energiequellen oder nicht etwa mit Adam Müller „eine allen Individuen der bürgerlichen Gesellschaft inhärierende Eigenschaft, kraft deren sie — — — mit den übrigen Individuen in Verbindung zu treten" vermögen, also nicht etwa ein Gemeinschaftsgut ähnlich dem Recht oder der Sprache. Geld ist zudem den klassischen Wirtschaftstheoretikern eine *Ware* wie jede andere. Es hat einen Preis wie jede andere Ware, und auch dieser Preis wird durch den vom Eigennutz angetriebenen Marktmechanismus gebildet und nicht etwa durch die Produktivitätsanforderungen des Wirtschaftskörpers. Zins und Rente sind Ergebnisse eines von freien eigennützigen Subjekten betriebenen Marktmechanismus und ebenso frei von sittlichen Geboten wie von funktionalen gesamtwirtschaftlichen Zwecksetzungen.

Der Wert eines Gutes ist lediglich ein Tauschwert, ein Preiswert, ein Geldwert. Der „wirtschaftliche Wert", ob er in den Kosten, der Arbeitszeit, den Reproduktionskosten, dem Nutzen oder dem Grenznutzen gesehen wird, ist nie ein Dingwert, der dem Gute jenseits des Kauf-Verhältnisses als Eigenschaft seiner isolierten Natur anhaftet und den „gerechten" Preis fundiert, noch ein inhaltlicher Konsumtionswert oder ein technologischer Wert, noch ein Leistungswert oder ein kultureller Wert. Ebenso erfolgt die Verteilung des Einkommens nach den Gesetzen des mechanisch ablaufenden Marktes, nicht nach Leistung oder Wichtigkeit oder nach ethischen Maximen. Auch der „Wert" und das „Einkommen" sind also Folgen eines auf Überschußwirtschaftung angelegten Tauschaktes.

Die Wirtschaftstheorie des kapitalistischen Menschen setzt als *Grundprinzip der Wirtschaft* den *erwerbssüchtigen Eigennutz*, als *Grundhandlung der Wirtschaft* den *gewinnbringenden Tausch*, als den *entscheidenden Ort des Wirtschaftsgeschehens den Markt*, als den *wirtschaftlichen Wert den Tauschwert*. Der eigennützige tauscherwerbende Mensch, der kapitalistische Mensch, ist wesensnotwendig ein individualistischer Mensch. Also muß auch die Wirtschaftstheorie dieses Menschen notwendig eine individualistische Theorie sein. Sie muß die Gesamtwirtschaft individualistisch begreifen, d. h., sie denkt sie *atomistisch* aus einzelnen autarken erwerbsmäßig wirtschaftenden Subjekten zusammengesetzt. Wirtschaft ist dann das „S p i e l f r e i e r K r ä f t e". Freie, unbegrenzte Wirtschaft, Freihandel, Gewerbefreiheit, Freizügigkeit und Selbsthilfe sind geboten. Wesensgemäß ist Wirtschaft frei und nicht etwa organisiert, wesensgemäß ist ihr Freihandel und nicht Schutzzoll, Selbsthilfe und nicht Sozialpolitik. Die treibende Kraft solcher Wirtschaft ist der Eigennutz und nicht etwa Gemeinschaftswille, ihre ausgleichende Gewalt ist die Konkurrenz und nicht etwa Gerechtigkeit. Ihre Gemeinschaften sind Interessengemeinschaften, also Gruppenindividualismen; nicht ewa Überzeugungs- oder Leistungs- oder Anschauungs- oder Blutgemeinschaften. Ein Markt ist eine amorphe Gesellschaft von Verkäufern und Käufern, nicht etwa ein funktionaler Leistungszusammenhang[1]), oder eine verteilungstechnische Veranstaltung. Kredit beispielsweise ist individualistischer und nicht gesellschaftlicher oder funktionaler Kredit usw.[2]).

Diese atomistische individualistische Gesamtwirtschaftstheorie ist nicht organisch. Sie erkennt daher keine „Gebilde",

---

[1]) Othmar Spann „Gleichwichtigkeit gegen Grenznutzen" (im „Jahrbücher für Nationalökonomie und Statistik", 1925).

[2]) Siehe hierzu vor allem Othmar Spann, der das Begriffspaar „Individualistisch — universalistisch" bildet; und W. Sombart, der „Sozialökonomik" gegen „Volkswirtschaftslehre" setzt: „Der moderne Kapitalismus", Bd. 2, 913—933.

keine soziologisch funktionalen Abläufe. Sie sieht z. B. nicht
das Gebilde „Markt", sondern nur Käufer und Verkäufer. Sie
sieht nicht die Leistung, die Funktion innerhalb der Gesamtwirtschaft. Sie ist atomistische Theorie des Tauschwertes und
keine universalistische Theorie der Leistungen, der Funktionen[1]). Sie übersieht die Verhältnismäßigkeit aller Wirtschafts-
zweige und die Wichtigkeit gegenüber dem Grenznutzen[2]).
Sie ist vorwiegend eine Theorie der Güter, die Preis haben,
also eine Theorie der niederen Werte (die Arbeit, die keinen
Tauschwert hat, erscheint z. B. Smith unproduktiv). Deshalb
neigt die Wirtschaftstheorie des kapitalistischen Menschen dazu,
die höheren menschlichen Leistungen, die wesenhaft uneigen-
nützigen Leistungen und die unteilbaren, also nicht tausch-
notwendigen höheren Güter und Werte zu übersehen. Die
Leistung des Staatsmanns, Lehrers, Gelehrten, Ingenieurs, Erfinders, Künstlers, Arztes, Erfinders von Wirtschaftsformen,
die „Güter" der Rechtssicherheit, Erziehung, Kunst, Gesundheit, Erfindung, Organisation und des technischen Könnens
und Wissens haben entweder keinen „wirtschaftlichen Wert"
oder haben nur den ihrem Preis entsprechenden Wert. Ihre
gesamtwirtschaftliche, also funktionale Bedeutung, die nicht
im Gehalt oder Preis fixiert werden kann, weil sie nicht
getauscht wird, diese wahrhaft *volks*wirtschaftliche Bedeutung
kann mit den Mitteln einer grundsätzlich *privat*wirtschaftlich
orientierten Theorie nicht erfaßt werden. Denn diese sieht nur
erwerbsmäßige Tauschbedeutungen, mißt nur die Quantitäten
der Tauscheinheit (chrematistisch) und vermag funktionale
Wirkungswerte und soziologische „Wichtigkeiten" gar nicht
zu erschauen. Sie ist Distributionstheorie, aber keine Produktionstheorie. Die „produktiven Kräfte" Friedrich Lists oder
die Produktivitätsfaktoren Adam Müllers entgleiten notwendig
ihrem System. Und wo sie sehr einfache, noch privatwirtschaftliche Produktionsfragen in Angriff nimmt, wie in den sogenannten „Produktionsfaktoren" oder den „Unternehmungsformen", da übersieht sie neben Natur, Arbeit und Kapital
den entscheidenden Faktor des technischen Könnens und

---

[1]) Othmar Spann „Die Haupttheorien der Volkswirtschaftslehre",
1920, 116.
[2]) Othmar Spann „Gleichwichtigkeit gegen Grenznutzen". 1925.

Wissens und die technischen „Produktionsformen". Wo sie einfache noch „privatwirtschaftliche" soziologische Elemente aufnimmt, übersieht sie zwischen Unternehmer und Arbeiter den Ingenieur. Die kapitalistische Wirtschaftslehre ist individualistisch, erwerbsorientiert und auf den Tauschwert der Güter ausgestreckt. Deshalb trennt sie die tauschwirtschaftlichen Erscheinungen von Staat, Technik, Gesellschaft, Kunst, Ethik, Religion usw., d. h., sie ist abstrahierend, isolierend und unsoziologisch.

Die individualistische atomistische Auffassung denkt die Wirtschaft als einen von eigennützigen Subjekten betriebenen Mechanismus. Da sie Eigennutz für die natürlichste Motivation setzt, hält sie den atomistischen Wirtschaftsmechanismus für ein Naturgeschehen, für die „ordre naturel". Die Tauschgesetze dieses Mechanismus sind sozusagen Naturgesetze, Wirtschaftstheorie ist die „Naturwissenschaft von der Wirtschaft", und als solche hat sie keinen Platz für ideale Forderungen. Die Naturwissenschaften — so argumentiert man — begnügen sich mit dem Aufzeigen der Gesetze, die Natur läuft nach den Gesetzen von selbst ab. Daraus folgert man, daß auch das „Naturgeschehen" der Wirtschaft von selbst abzulaufen habe, da sich so am besten die Harmonie der Gesamtinteressen einfinde („laissez faire, laissez passer!"). Als die Mängel dieses Systems nicht mehr abgeleugnet werden können, werden auch sie als notwendige „Gesetze" aufgezeigt. Ob optimistische oder pessimistische Beurteilung des Systems, auf jeden Fall ist es ein notwendiges naturgesetztes System. Die kapitalistische Wirtschaftstheorie ist also n a t u r -m e c h a n i s t i s c h und p a s s i v i s t i s c h, sie ist aber n i c h t m a s c h i n i s t i s c h und n i c h t a k t i v i s t i s c h. (Denn „naturmechanistisch" und „maschinistisch" sind keineswegs identische Begriffe. Mechanik ist ein naturwissenschaftlicher Begriff, Maschine ein technischer. In der Mechanik werden die gesetzmäßigen Funktionen von Kräften und Maßen der Natur lediglich aufgezeigt, sie ist passivistisch. In der Technik dagegen wird in die Natur zweckhaft eingegriffen, sie ist aktivistisch. Ein Natur-Mechanismus läuft von selbst ab, eine Maschine arbeitet gemäß dem menschlichen Willen. Der Naturwissenschaftler entdeckt einen Zusammenhang, eine Ablaufregel der Natur, gemäß der die Vorgänge schon immer abgelaufen sind.

40

Nicht das Gesetz ist neu, sondern lediglich seine Kenntnis. Der Techniker konstruiert eine neue teleologische funktionale Kombination, die es bisher nicht gegeben hat. Der eine vermehrt die Anschauung, der andere die Wirkung; das eine ist passivistisch, das andere aktivistisch.)

Der kapitalistische Mensch sieht die Gesamtwirtschaft mechanistisch, getrieben vom Eigennutz der Einzelnen. Er ist deshalb gesamtwirtschaftlich passivistisch, privatwirtschaftlich jedoch — und das ist nicht widerspruchsvoll, sondern konsequent — ist er von höchster Aktivität. Innerhalb der privatwirtschaftlichen Sphäre (des Innenbetriebs) ist er rational, und zwar rational in Richtung des Eigennutzes. Innerhalb der gesamtwirtschaftlichen Sphäre jedoch (des Außenbetriebs) gerät er in das chaotische Getriebe eines ungelenkten Ablaufes, das er nicht rational bewältigen kann. Hier entscheidet Kampf, Glück, Zufall. Dort ist er sparsam und berechnend, hier wagemutig und spekulierend. Dort ist er Organisator, hier Eroberer und Spieler. Dort ist er wirtschaftlicher Rationalist, hier jedoch Gegner jeder Planwirtschaft. Und das stimmt mit der früher gewonnenen Einsicht überein, daß der kapitalistische Mensch zwar ein Rationalist der Mittel, jedoch kein Rationalist von Weltanschauung sei.

Die kapitalistische Wirtschaftstheorie ist Tausch-, Markt- und Preisbildungslehre. Sie ist die Theorie der von der Distributionsseite her maßgeblich bestimmten Wirtschaft, eben der kapitalistischen Wirtschaft. Sie ist keine gesamtwirtschaftliche Theorie, die Erzeugung, Verteilung und Verzehr gleichermaßen umfaßte. Sie vernachlässigt sowohl die im Konsum und in der Produktion auftretenden allgemein-kulturellen Forderungen, als auch die in der Produktion wirksamen eigenwertigen Kräfte. Sie sieht Konsum und Produktion nur vom Markt, vom individualistischen kapitalistischen Interesse aus, also einseitig, und vergißt ihre wesenhaften Seiten, die gerade außerhalb der Marktzirkulation liegen. Sie übersieht — was hier besonders interessiert — neben dem Konsum die Produktion. Sie ist *keine Produktionslehre* und *keine Produktivitätslehre*. Denn sie setzt — wie schon gesagt wurde — Rentabilität gegen Produktivität, quantitative chrematistische Messung gegen qualitative funktionale Beurteilung, Grenznutzen gegen Wichtigkeit, Gewinn gegen schöpferische Leistung. Sie begreift Geld überwiegend als Tauschmittel und Ware, Arbeit als quantitatives Tauschobjekt. Sie übersieht die höheren nicht tauschbaren Güter und Leistungen, den Bestand an technischen Ideen und Produktionsformen neben Natur, Arbeit und Kapital und den Unternehmungsformen, die „produktiven Kräfte" Friedrich Lists, die Produktivitätsfaktoren Adam Müllers und die „Wichtigkeiten" und „Leistungen" im Sinne Othmar Spanns, sie mißversteht die produktivistischen Lehren der Merkantilisten [1]) und gibt die Theorie der Gütererzeugung immer mehr auf. Sie versteht Technik, wo sie sie definiert, nur noch von der Distributionsseite her, d. h. sie mißversteht sie als die „Magd der Wirtschaft", der kapitalistischen Wirtschaft. Die Betriebswirtschaftslehre ist nur die Lehre vom höchstmöglichen kapitalistischen Nutzen im Betrieb und den dazu erforderlichen Maßnahmen; sie erreicht nicht einmal die produktivistischen Einsichten der alten Kameralisten. Man hat sogar „im großen ganzen vergessen, daß es ein selbständiges *nationalökonomisches*, keineswegs also nur technisches Problem der *Gütererzeugung* gibt" [1]). Daß es ein selbständiges Wertbewußtsein des technischen Menschen gibt, eine selbständige technische Art zu denken und zu wollen, eine selbständige technische Gesinnung und Gesittung, die sich bewähren und in Kultur und Welt auswirken und in sie hineinwirken will, das ist der Wirtschaftstheorie des kapitalistischen Menschen überhaupt noch nicht zum Bewußtsein gekommen. Wie sich von solcher „technischen" Weltanschauung aus auch die Grundlehren und Einzellehren der Wirtschaftstheorie umgestalten, das soll später bei der Analyse des technischen Menschen grundsätzlich und an einigen wirtschaftstheoretischen Details zu beweisen versucht werden.

---

[1]) Siehe auch W. Sombart „Der moderne Kapitalismus", 5. Auflage, Band II, 917—919.

c) Die Rationalität des kapitalistischen Menschen

Der kapitalistische Mensch will Überschüsse erwirtschaften, er will Profite machen. Profit ist die Geldsumme, um die der Ertrag den Aufwand übersteigt. Man muß also, um den Profit feststellen zu können, Aufwand und Ergebnis in Geldeinheiten berechnen. Da möglichst großer Profit gewollt wird, da man alle Profitchancen nutzen will, muß erstens die Berechnung von Aufwand und Ergebnis möglichst genau erfolgen, zweitens muß der Aufwand klein gehalten und der Ertrag möglichst groß angestrebt werden. Alle Maßnahmen sind also auf ihre Zweckmäßigkeit zu prüfen, auf ihre Zweckmäßigkeit in Richtung eines möglichst hohen Profits. Ein Handeln, daß alle Vornahmen bewußt auf ihre grundsätzliche Zweckmäßigkeit untersucht und vornimmt, heißt r a t i o n a l i s t i s c h , im Gegensatz zum traditionalistischen oder empirischen Handeln, das überkommene Regeln gedankenlos befolgt [1]. Unter „Rationalismus" und „rationalistisch" wird hier demnach stets die praktische Verstandestätigkeit im Sinne der „Rationalisierung", nicht aber die mit dem 18. Jahrhundert einsetzende Geistesbewegung gemeint.

Rationalistisches, also zweckbewußtes Handeln, ist auf allen Gebieten menschlichen Wirkens möglich. Jedes rationalistische Handeln will möglichst wenig aufwenden und möglichst viel erzielen. Es ist — in diesem Sinne — ökonomisch. *Ökonomie ist also das Ziel j e g l i c h e n rationalistischen Handelns.*

Bezeichnet man das auf Ökonomie ausgerichtete rationalastische Handeln als „Wirtschaften", so erhält das Wort „Wirtschaft" einen viel weiteren und anderen Sinn, als den des Erzeugung-Verteilung-Verzehr-Bezirks. Identifiziert man diese zwei verschiedenen Bedeutungen des Begriffs „Wirtschaft", so sind Mißverständnisse und Fehlurteile unvermeidlich. Wirtschaft im engeren und eigentlichen Sinne und Ökonomik werden

---

[1] Siehe auch W. Sombart „Der moderne Kapitalismus", 5. Auflage, Band I, 15.

dann verwechselt. (Nationalökonomie! Sozialökonomik!) Die „technische Ökonomik" A. Voigts wird als wirtschaftstheoretische Disziplin mißverstanden. Auf der anderen Seite redet man wiederum von „technischer Wirtschaftslehre", wo es sich lediglich um technische Ökonomik handelt; so z. B. ist A. Sulfrians „Lehrbuch der chemisch-technischen Wirtschaftslehre" (1927) eine rein chemisch-technische Ökonomik. „Wirtschaftlichkeit" wird mit „Wirtschaft", „Wirtschaftlichkeitslehre" mit „Wirtschaftslehre" verwechselt. Das „ökonomische Prinzip" wird dem „wirtschaftlichen Prinzip" gleichgesetzt. Wird nun noch der ökonomischen Tendenz *jeglichen* rationalistischen Handelns die ökonomische Tendenz in Richtung eines möglichst hohen Gewinns untergeschoben, wird Ökonomik schlechthin gleich *kapitalistischer Ökonomik* gesetzt, so tritt notwendig eine weitere Verwirrung ein. Deshalb wird hier stets von Wirtschaftswissenschaft und nie von Nationalökonomie oder Sozialökonomik gesprochen, deshalb wird stets das „ökonomische Prinzip" und nicht das „wirtschaftliche Prinzip" verwendet, deshalb soll nicht vom ökonomischen Rationalismus die Rede sein, sondern vom kapitalistischen Rationalismus. Denn Rationalismus ist stets ökonomisch, es wiederholt demnach das Adjektiv „ökonomisch" nur den Sinn des Substantivs „Rationalismus". Der Begriff „ökonomischer Rationalismus" ist ein Pleonasmus. In Wahrheit wird aber von der Wirtschaftswissenschaft (Sombart, Max Weber u. a.) mit dem „ökonomischen Rationalismus" der Sachverhalt des kapitalistischen Rationalismus gemeint, was treffender und unmißverständlich eben mit dem Begriff der „kapitalistischen Rationalität" bezeichnet wird. Der Begriff „Wirtschaftlichkeit" soll von uns nie ohne Definition verwendet werden, da er im Sprachgebrauch einmal für Ökonomie schlechthin und das andere für die spezifische kapitalistische Rationalität auftritt.

Jedes grundsätzlich zweckbewußte Handeln, jedes rationalistische Handeln arbeitet nach einem Plan, einem Verfahren, einer Methode. Methode ist ein rationales Handlungsverfahren, methodisches Arbeiten beruht auf einer zwecktrainierten Geschicklichkeit und Kunstfertigkeit. Leider haben sich auch hier durch den Sprachgebrauch Mißverständnisse dadurch gebildet, daß man für „Methode" auch das Wort

„Technik" verwendet, Technik im Sinne von Können und Kunstfertigkeit (vom griechischen „techne"). Während das Wort „Kunst" (gleichfalls von „Können") nur noch für den ästhetischen Bereich gebraucht wird und nur noch in Wort-*bildungen* wie „kunstfertig" und „Fahrkunst" im allgemeineren Sinne auftritt, wird das Wort „Technik" noch im weiten Sinne von Können (Technik des Klavierspiels, Technik des Denkens, Technik der Buchführung usw.) u n d im engeren Sinne von handwerklicher Technik und Ingenieurtechnik angewendet. Technik als Methode aber hat ebenso wenig mit derjenigen Technik zu tun, die Welt- und Arbeitsgebiet des Ingenieurs umfaßt, wie die Kunst als Kunstfertigkeit mit der Kunst als ästhetischem Bereich und wie die Ökonomie als allgemein rationalistisches Ziel mit der Nationalökonomie. Hier soll deshalb statt des allgemeinen Begriffs Technik, also statt Technik als Methode, stets das Wort „Methodik" Anwendung finden. Das Wort „Technik" dagegen wird immer im Sinn von Ingenieurtechnik gebraucht.

Es ist schon in der Einleitung gezeigt worden, wie man immer wieder versucht hat, aus der Gleichsetzung von Ökonomik mit Wirtschaft und von Methodik mit Technik den Primat der Wirtschaft vor der Technik abzuleiten. Denn Methodik ist ein Unterbegriff von Ökonomik, somit ist auch die Technik — so folgert man aus den zwei falschen Gleichungen — ein Unterbegriff von Wirtschaft, sie ist die Magd der Wirtschaft (Gottl) oder eine bloße Verfahrensweise innerhalb des wirtschaftlichen Kulturbereichs (Sombart). Es ist auch schon nachgewiesen worden, daß bei der Unterordnung der Technik unter die Wirtschaft mit Hilfe des ökonomischen Prinzips sowohl die Wirtschaft als auch das ökonomische Prinzip in einem speziellen Sinn verstanden werden, nämlich Wirtschaft als kapitalistische Wirtschaft und das ökonomische Prinzip als kapitalistische Rationalität. An dieser Stelle ist nunmehr diese besondere k a p i t a l i s t i s c h e R a t i o n a l i t ä t darzustellen und zu erweisen, daß neben der kapitalistischen Rationalität die verschiedensten anderen Arten von Rationalität existieren und möglich sind.

Der kapitalistische Mensch will Profite machen, er will mehr einnehmen als er ausgibt. Er will mit einem möglichst kleinen Geldaufwand ein möglichst hohes Geldergebnis erzielen, er will „billigst einkaufen, teuerst verkaufen". Der rationalistische Quotient „Ergebnis durch Aufwand" muß notwendig für den kapitalistischen Menschen größer als Eins sein. Denn das Ergebnis muß den Aufwand übersteigen, der Zähler größer als der Nenner sein. Als Rechnungseinheit wird dabei die Geldeinheit benutzt. *Der rationalistische Erfolgsgrad des kapitalistischen Menschen ist somit größer als Eins und ein quantitativer Ausdruck.*

Der rationalistische Quotient „Ergebnis durch Aufwand" kann aber eine durchaus andere mathematische Form und damit ganz andersartigen morphologischen und strukturpsychologischen Gehalt annehmen, je nach der Richtung und dem Ziel der Rationalisierung. In der Technik beispielsweise sind alle rationalistischen Erfolgsgrade kleiner als Eins. Stets ist der Aufwand an Energie, Zeit und Material größer als das Ergebnis. Der Wirkungsgrad, das Verhältnis von erzielter Energie (z. B. an der Turbinenwelle oder der Schalttafel des Turbogenerators) zur aufgewandten Energie (z. B. der verfeuerten Kohle) ist notwendig kleiner als Eins, er kann höchstens gleich Eins werden. Er ist also begrenzt und gestattet daher keine unendlichen Fortschritte, sondern fordert eine asymptotische Annäherung an die idealtechnische Lösung. Das gleiche gilt für den Materialnutzungsgrad (Verhältnis vom nutzbar verwendeten Material zu aufgewandtem Material), den Belastungsgrad (wirkliche jährliche Maschinenarbeitsstunden zu den Jahresstunden), die Ausbeute (Verhältnis der ausgebrachten Chemikalien zu den eingebrachten) und für alle sonstigen technischen Erfolgsgrade (Traglast einer Brücke zu Eigengewicht plus Traglast, Nutzlast eines Fahrzeugs zum Gesamtgewicht, Wohnraum eines Gebäudes zum Gesamtvolumen des Gebäudes usw.). Auch eine neue Erfindung kann niemals einen sachlichen Erfolgsgrad größer als Eins erzielen. Der Dieselmotor verdoppelt zwar annähernd den Wirkungsgrad der Wärmekraftmaschine, aber er beträgt doch nur 40 Prozent. Der sachliche *technische Detailwirkungsgrad ist* eben wesensnotwendig *kleiner als Eins,* technisches Schaffen ist von der naturalen Seite aus gesehen eine Unterschußwirtschaft. Rechnungsmäßig und bilanzmäßig wird zwangsläufig stets mit

Verlust gearbeitet; trotzdem ist diese Verlustarbeit in höherem Sinne produktiv und gewinnbringend, aber diese Produktivität kann nicht mehr errechnet werden, sie kann nicht mehr quantitativ, sondern nur qualitativ erfaßt werden (s. unten).

Wie sehr die Rationalität und damit die mathematische Form und der morphologische Gehalt des ökonomischen Erfolggrades von Ziel und Richtung des Rationalismus abhängen, zeigt auch die Rationalität der Arbeit. Die kapitalistische Theorie sieht in der Arbeit ein Lust-Unlust-Geschäft, das nur zustande kommt, wenn die erzielten Lustmöglichkeiten (Lohn) größer sind als der Unlustaufwand (Arbeit). Der Wirkungsgrad „erzielte Unlustminderung durch Unlustaufwand" ist größer als Eins. Beim nicht kapitalistisch Schaffenden aber, beim nicht auf Profit ausgerichteten Denken, beim freudig *schaffenden*, von Berufsfreude und Berufsethos erfüllten Menschen ist der Aufwand Null, das Ergebnis setzt sich aus Arbeitserfolg und Arbeitsfreude zusammen. Der *ökonomische Quotient* „Ergebnis durch Aufwand" *wird* also *unendlich*. Ebenso ist eine Erfindung als schöpferische Leistung mit keinem rationalistischen Quotient zu messen. Die Tat James Watt, die Erfindung des Flugzeugs und des Radio kann nicht in Erfolgsgraden ausgedrückt werden. Bei jeder schöpferischen, ob technischen oder künstlerischen oder wissenschaftlichen oder politischen oder ethischen Leistung kann trotz aller grundsätzlichen Zweckmäßigkeit der Vornahmen, trotz aller Rationalität Ergebnis und Aufwand zahlenmäßig oder mengenmäßig *nicht* verglichen werden.

Festzustellen ist also mit allem Nachdruck, daß es sehr verschiedene Arten von Rationalismus und Rationalität gibt, wie es auch Max Weber stets wieder betont[1]). Festzustellen ist in unserem Zusammenhang besonders, daß der rationalistische Erfolgsgrad *erstens* sehr verschiedene mathematische Formen annehmen kann, und daß *zweitens* der rationalistische Erfolg durchaus nicht an quantitative rechnerische Bestimmbarkeit gebunden ist, daß es neben der rechnerischen quantitativen Rationalität qualitative oder funktionale oder sonstige Arten von Rationalismus gibt.

---

[1]) „Gesammelte Aufsätze zur Religionssoziologie", Band I, 2. Auflage 1922, 11, 12, 62, 265, 266.

Der rationalistische Quotient des kapitalistischen Menschen ist größer als Eins. Ein Quotient, der wesensnotwendig größer als Eins ist, kann der Möglichkeit nach unbegrenzt gesteigert werden. Er erzwingt die Tendenz zu möglichst grenzenloser Steigerung, er verlangt hemmungslose freie Entwicklung. Er hat dynamischen, faustischen Charakter, er ist maßlos und unbeherrscht. Er erzeugt eine letzten Endes ziellose Bewegung, Hast, Unersättlichkeit, ewige Unruhe und ewigen Unternehmungsdrang. Er will unendliches Fortschreiten, er rennt stets hinter den weiteren Möglichkeiten her. Er entwertet die Gegenwart und überwertet die Zukunft. Er ist immer außer sich und nie bei sich, er ist nie am Ende, nie vollendet. Von solchem dynamischen Quotient kann nur der Nenner von vorneherein bestimmt werden; der Zähler dagegen, das Ergebnis, kann der Möglichkeit nach unbegrenzt gesteigert werden, es entzieht sich der kalkulatorischen Voraussicht. Der Aufwand ist kalkulativ, das Ergebnis spekulativ. Rationalisierung des Aufwandes erfordert Sparsamkeit, Haushalten, Mäßigkeit, Zuverlässigkeit, Fleiß und Nüchternheit, kurz bürgerliche Tugenden. Rationalisierung des Ergebnisses, das ist grundsätzlich zweckbewußtes Handeln in Richtung auf ein möglichst großes geldwertes Ergebnis, fordert grundsätzlich hohe Gewinnchancen: Chancen, Aussichten, Glücksfälle aber sind nur innerhalb eines ungeordneten, unberechneten und unbeherrschten Getriebes gegeben, innerhalb eines labilen Wirtschaftssystems. Die Realisierung der Chancen erfordert Wagemut, Abenteuerlust, Spekulation, List, Kampf, Entschlossenheit, Zupacken, Findigkeit, Instinkt, Glück. Sie erfordert höchste Aktivität der Einzelhandlung, aber Passivität dem gesamtwirtschaftlichen Ablauf gegenüber. Denn nur das „Laissez faire, laissez passer!", nur die Krise, Konjunktur, nur die unorganisierte, freie, chaotische, planlose Wirtschaft bietet Chancen. Die Rationalität des kapitalistischen Menschen erzwingt so wesensnotwendig neben der Planmäßigkeit der Einzelhandlung die Planlosigkeit des gesamtwirtschaftlichen Prozesses. Diese Planlosigkeit der Gesamtwirtschaft ist vom kapitalistischen Menschen aus gesehen etwas bewußt zweckmäßiges, ist also „rational", während sie einem nicht kapitalistischen Menschen als höchst „irrational" erscheinen muß. Und wir stimmen Max

Weber durchaus zu, wenn er den Einwand Brentanos (gegen Webers Arbeit „Die protestantische Ethik und der Geist des Kapitalismus"), daß also eine „Rationalisierung zu einer irrationalen Lebensführung" vorliege, akzeptiert: „In der Tat ist dem so. I r r a t i o n a l ist etwas stets nicht an sich, sondern von einem bestimmten r a t i o n a l e n *Gesichtspunkte* aus" [1]). Denn — so formulierten wir früher — der kapitalistische Mensch ist nur ein Rationalist der Mittel, niemals aber ein Rationalist von Weltanschauung. So ist es begreiflich, daß der kapitalistische Mensch von nicht kapitalistischen Gesichtspunkten aus wegen der Grenzenlosigkeit seines Zieles und der scheinbaren Paradoxie von rationaler Einzelgestaltung und irrationaler Gesamthaltung so oft als dämonische und sogar als pathologische Lebensform empfunden wird. Diese Empfindung wird verstärkt durch das Widerspiel von eudämonistischem Lebensziel (Geld) und dämonischer Aktivität, von materialistischer Zielsetzung und dem Mangel jeglicher epikuräischen Hingabe, durch das Widerspiel von optimistischer Beurteilung der einzelwirtschaftlichen Möglichkeiten und pessimistischer passivistischer Haltung gegenüber der Gesamtwirtschaft und den Wertmöglichkeiten des Lebens überhaupt. Seine optimistische Aktivität erscheint als Flucht vor einer tiefen Lebensangst, als Flucht vor dem Nichts, als Flucht nach vorn. Sie erscheint als etwas letzten Endes Sinnloses, Dämonisches, Pathologisches.

Für jede Rationalität ist nicht nur die mathematische Größe des Erfolggrades kennzeichnend, sondern auch dessen Dimension. Ob Aufwand und Ergebnis in Geldeinheiten oder in Energieeinheiten oder einheitlos bestimmt werden, das hängt ersichtlich von dem Ziel des Rationalismus ab, das bedingt eine besondere geistig-seelische Struktur und eine besondere Mentalität des rationalistischen Menschen. Rechnungsmäßige Bestimmung des Erfolggrades ist nur möglich, wenn sämtliche Aufwände und Ergebnisse auf die gleiche Dimension, die gleiche Einheit gebracht werden können, wenn alle qualitativen Unterschiede in quantitative Differenzen, in Zahlen, auflösbar sind. Ursprünglich und wahrhaft aber ist jede menschliche Tat und jedes menschliche Werk die Frucht eines vollen Menschen-

---

[1]) M. Weber „Gesammelte Aufsätze zur Religionssoziologie" I, 1922, 35.

tums und daher ein vielfältiger reicher Komplex von Qualitäten. Grundsätzliche Zweckmäßigkeit der Vornahmen müßte also sinngemäß zu einem qualitativen oder funktionalen Rationalismus und nicht zu einem rechnerischen Rationalismus führen; denn rechnerischer Rationalismus fordert einseitiges Beziehen aller Werte und Qualitäten auf e i n Rechnungsmaß, auf e i n e Rechnungseinheit, er fordert eine einseitige extreme Wertung und einen einseitigen extremen Menschentypus.

Der kapitalistische Mensch muß wesensnotwendig alle Werte in Geldeinheiten umrechnen. Mit Hilfe eines komplizierten Marktmechanismus wird den Gütern des Lebens ein Geldwert zuerteilt, der keineswegs mit dem wesenhaften Wert der Dinge und Leistungen identisch ist. So baut sich der kapitalistische Mensch eine Welt von grandioser Einseitigkeit auf, eine Welt von Zahlen, eine unsinnliche, unplastische, farblose, abstrakte Welt, eine künstliche Welt, die Welt des Geldes. Diese künstliche Dimension „Geld" ist aber nicht nur ein Hilfsmittel zur Ermittlung des rationalistischen Erfolggrades, mit dem der Weg zu einem *weiteren* Ziel auf seine Zweckmäßigkeit kontrolliert werden soll, sondern Weg und Ziel, Rationalität und Ethos fallen hier zusammen. Dem kapitalistischen Menschen ist in der Tat die Welt des Geldes die wahre Welt, und der Überschuß des Ertrags über den Aufwand ist ihm der wahre Erfolg und das wahre Ziel seines Lebens. Er sieht sich daher niemals gezwungen, seine Rationalität kritisch zu prüfen in Hinsicht auf den Endzweck seines Lebens, da ja dieser sich in jener erfüllt. „Das reine Mittel wird zum absoluten Zweck"[1]. Er hat keine Distanz zu den denkerischen Hilfsmitteln, die ihm seine Ratio bietet. Er vermag daher nicht zu unterscheiden zwischen Verstand und Geist, er ist intelligent, aber ungeistig. Er ist — um auf eine frühere Formel zurückzugreifen — nur ein Rationalist der M i t t e l, aber kein Rationalist von Welt a n s c h a u u n g. Denn Mittel und Weltanschauung, Weg und Ziel fallen ihm nicht auseinander. Daher kennt er nicht die Problematik einer geistigen Lebensführung, keine Skrupel und Gewissensbisse, keine Zweifel und Bedenken. Er ist ungehemmt und ungebrochen und deshalb energisch, tüchtig, zielbewußt, eindeutig, stark, arbeitswütig, mächtig,

---

[1] Werner Sombart „Der kapitalistische Unternehmer", 1909.

rücksichtslos, eng, hart, gefühl- und gemütsarm. Er ist einseitig, monomanisch und nah an der Grenze zum Pathologischen.

Diese Umsetzung aller Werte in den „wirtschaftlichen" Wert, in den Geldwert, findet ihre vollkommenste Verkörperung in der *doppelten Buchhaltung*. „Die doppelte Buchhaltung", sagt W. Sombart[1]), „ruht auf dem folgerichtig durchgeführten Grundgedanken, alle Erscheinungen nur als Quantitäten zu erfassen, dem Grundgedanken also der Quantifizierung. — — — Die Erwerbsidee wird in der doppelten Buchhaltung insofern zur Entwicklung gebracht, als diese die endgültige Trennung der „werbend", d. h. um Gewinne zu erzielen, angelegten Geldsumme von allen naturalen Zwecken der Unterhaltsfürsorge vollzieht. In der doppelten Buchhaltung gibt es nur noch einen einzigen Zweck: die Vermehrung eines rein quantitativ erfaßten Wertbetrages. Wer sich in die doppelte Buchführung vertieft, vergißt alle Güter- und Leistungsqualitäten, vergißt alle organische Beschränktheit des Bedarfdeckungsprinzipes und erfüllt sich mit der einzigen Idee des Erwerbs: er kann nicht anders, wenn er sich in diesem System zurechtfinden will: er darf nicht Stiefel oder Schiffsladungen, nicht Mehl oder Baumwolle sehen, sondern ausschließlich Wertbeträge, die sich vermehren oder vermindern. — — — Mit dieser Betrachtungsweise wird der Begriff des Kapitalismus überhaupt erst geschaffen. Man kann also sagen, daß vor der doppelten Buchführung die Kategorie des Kapitals nicht in der Welt war und daß sie ohne sie nicht da sein würde. Man kann Kapital geradezu definieren als das mit der doppelten Buchführung erfaßte Erwerbsvermögen. Engstens im Zusammenhang hiermit steht der andere Gedanke: daß sie erst die Rationalisierung der Wirtschaft zur vollen Durchführung bringt, sofern als eine der Äußerungen dieser Rationalisierung, die Tendenz zur allgemeinen Rechenhaftigkeit aller wirtschaftlichen Vorgänge auftritt. Hier erweist sich der enge Zusammenhang, der zwischen der Herrschaft des Erwerbsprinzips und der Rationalisierungstendenz besteht: beide lösen die wirtschaftliche Welt in Ziffern auf: jenes, um ihre Vergrößerung als Zweck zu setzen, diese, um jenen Zweck vollkommen zu verwirklichen. Wie sehr die Rechenhaftigkeit durch die doppelte

---

[1]) W. Sombart „Der moderne Kapitalismus", 5. Aufl., Bd. II, 119—123.

Buchführung gefördert werden mußte, liegt auf der Hand: diese kennt keine wirtschaftlichen Vorgänge, die nicht in den Büchern stehen: quod non est in libris, non est in mundo; in die Bücher kommen kann aber nur etwas, das durch einen Geldbetrag ausgedrückt werden kann. Geldbeträge aber werden nur in Ziffern dargestellt, also muß jeder wirtschaftliche Vorgang einer Ziffer entsprechen, also heißt Wirtschaften Rechnen. Gemäß diesen Anschauungen bilden sich dann die Hilfsbegriffe aus. So sehen wir hier die begriffliche Kategorie des Tauschwertes entstehen, mit dem erst im Rahmen der systematischen Buchhaltung wirklich Ernst gemacht wird."

Jeder Rationalismus arbeitet bewußt zweckmäßig. Alle Maßnahmen werden auf ihren sachlichen Zweck hin getroffen, sie werden von persönlicher Willkür und zufälligen persönlichen Einflüssen befreit, sie werden versachlicht und entpersönlicht. Dieses „Versachlichen und Entpersönlichen", um das Schlagwort Sombarts zu gebrauchen, ist also kein Kennzeichen des kapitalistischen Rationalismus, sondern ist die notwendige Wirkung eines jeden Rationalismus. Jede Wissenschaft versachlicht und entpersönlicht das Wissen, jedes neuzeitliche Sozialwesen versachlicht die menschlichen Beziehungen. Will man daher aus der Versachlichungstendenz den kapitalistischen Menschen charakterisieren, so muß man ebenso seine s p e z i - f i s c h e Art des Versachlichens erarbeiten, wie man aus der a l l g e m e i n e n Ökonomie und dem a l l g e m e i n e n Rationalismus die b e s o n d e r e kapitalistische Ökonomik und Rationalität herausarbeiten mußte. Dabei würde die charakterologische Deutung des kapitalistischen Versachlichungsprozesses keine neuen Einsichten vermitteln können, da ja die für uns ergiebigen Details schon an den verschiedensten Stellen analysiert wurden. Hier ist nur noch festzustellen, daß bei präziser Bestimmung der speziellen kapitalistischen Versachlichung viele der bisher dem Kapitalismus zugeschriebenen Fakten ihm nicht mehr zugerechnet werden können. Wenn beispielsweise Werner Sombart den Ersatz der Hausnamen durch Hausnummern, die Versachlichung des Hotelwesens, des Briefverkehrs und des Nachrichtenwesens in seinem „Modernen Kapitalismus" eingehend beschreibt, so sind das ersichtlich keine kapitalistischen Rationalisierungen. Sogar das in der „Firma" selbständig gewordene und entpersönlichte Geschäft, die Trennung von

Kapital und Unternehmer, die vergesellschaftete gewerbliche Arbeit usw. sind keine notwendig kapitalistischen Rationalisierungsformen. Sie könnten sehr wohl auch einem anderen Ziel dienen als dem Erwerb mittels Kapital. Wenn aber eine Konstruktion schwerer als technisch notwendig ausgeführt wird, weil nach Gewicht gezahlt wird, so kann diese Maßnahme nur einem kapitalistischen Interesse dienen. Wenn der Fertigungsgang eines Produktes nur in Hinsicht auf einen möglichst hohen Geldertrag gestaltet wird und alle werktätige Schaffensfreude, alle seelische Spannung und Entspannung, alle ästhetischen Gebote und ethischen Pflichten außer acht gelassen werden, so kann dieser Fertigungsgang nur aus einem materiellen Interesse geschaffen worden sein. Eine kapitalistische Versachlichung stellt er aber erst dar, wenn die fabrizierten Güter über ihrem Gestehungswert verkauft werden und der Gewinn dem Kapitalbesitzer zufällt. Die gleiche sachliche Fabrikationsordnung könnte aber auch in einem Betrieb bestehen, in dem es keine privaten Kapitalbesitzer gibt oder in dem nicht des Gewinnes wegen produziert wird. Auf jeden Fall jedoch muß der geschilderte Betrieb die Objektivierung eines Willens sein, der einseitig auf die Herstellung materieller Güter gerichtet ist. Er ist keine eindeutig kapitalistische Versachlichung, sondern nur eine eindeutig materialistische; er gehört demjenigen engen Kreis möglicher Rationalitäten an, der auch die kapitalistische Rationalität umfaßt. Daß man jedoch individuelle Hausnamen durch unpersönliche Nummern ersetzt, das kann Folge so verschiedenartiger Rationalitäten sein, daß eine Beziehung zum kapitalistischen Rationalismus nicht mehr nachgewiesen werden kann. Es ist Symptom einer allgemeinen rationalistischen Geisteshaltung, aber kein kapitalistisches Symptom mehr. Ökonomie schlechthin aber darf nicht mit „Nationalökonomie", Rationalismus schlechthin nicht mit kapitalistischem Rationalismus verwechselt werden.

d) Die Sozialwelt der kapitalistischen Menschen

Der kapitalistische Mensch will mittels Kapital Gewinne machen; dauernder Erwerb mittels Kapital erfolgt durch formell friedlichen Tausch. Der kapitalistische Mensch braucht deshalb zu seiner Entfaltung eine S o z i a l o r d n u n g , die ihm privaten Kapitalbesitz und Kapitalnutzung durch Tausch gewährleistet. Gewinne lassen sich nur erzielen, wenn nicht Gleiches gegen Gleiches getauscht wird, sondern wenn ein Geringeres gegen ein Höheres eingetauscht wird, wenn der Tauschpartner übervorteilt wird. Solche Geschäfte lassen sich nur mit dem „Fremden" machen, am Freund oder Bruder oder Kameraden oder Genossen verdient man nicht. Deshalb muß die kapitalistische Sozialordnung ein Gebilde von „Fremden" sein, sie muß als individualistische Gesellschaft konstituiert werden. Jedes Individuum mit seinem Privateigentum steht für sich, es tauscht mit den fremden Individuen. Der Staat hat lediglich das Eigentum und die Tauschmöglichkeit zu garantieren. „Es ist eine scharfe Trennung zwischen öffentlichem und privatem Rechte durchgeführt: die wirtschaftliche Tätigkeit des Einzelnen ist grundsätzlich der Sphäre des Privatrechts überantwortet" [1].

Garantie des *Eigentums* bedeutet für den kapitalistischen Menschen nicht nur Schutz gegen Raub und Diebstahl, sondern das Recht zur uneingeschränkten Nutzung des Eigentums als Erwerbskapital: Recht auf schrankenlose Produktion, Recht auf Raubbau, Recht auf Fabrikation von Schundwaren, Luxus, Genußmittel, Recht auf Reklame und Mode, Recht auf Ausnutzung der Arbeitskräfte, Recht auf Zins, Rente, Profit und Extraprofit. Kurz, Recht auf Eigentum ist dem kapitalistischen Menschen identisch mit Recht auf rücksichtslosen, uneingeschränkten Erwerb mittels Eigentum. „Inhaltlich wird das moderne Wirtschaftsrecht gekennzeichnet durch eine weitgehende Rücksichtnahme auf die kapitalistischen Interessen.

---

[1] Werner Sombart „Das Wirtschaftsleben im Zeitalter des Hochkapitalismus", 1927, 51—52.

54

Es enthält nämlich die Freiheit des Eigentums, die ihrerseits wiederum umfaßt: 1. die Freiheit der Verwendung, 2. die Freiheit der Veräußerung, 3. die Freiheit der Verschuldung, 4. die Freiheit der Vererbung, 5. den Schutz der wohlerworbenen Privatrechte"[1]). Eigentum hat alle Rechte, aber Eigentum verpflichtet zu nichts. „Alles ist erlaubt, was nicht ausdrücklich verboten ist, im Gegensatz etwa zu dem Grundgedanken des mittelalterlichen Wirtschaftsrechtes: Getan werden darf nur, was ausdrücklich erlaubt ist."[1]) Der Staat hat das Eigentums-, Erb- und Zinsrecht zu schützen, aber keinerlei Einspruchsrecht in wirtschaftliche Fragen. Sozialrecht, Enteignungsrecht, Erbschaftssteuer usw. sind gegen kapitalistische Widerstände durchgesetzt worden.

Der *Staat* hat dem kapitalistischen Menschen Tauschmöglichkeiten zu geben und diese zu schützen. Tausch mit dem Ziele des Gewinns muß grundsätzlich weitgehendst möglich sein, der Staat muß freie Wirtschaft, freien Arbeitsmarkt, Freihandel und Gewerbefreiheit gestatten. Er muß die rechtlichen Grundlagen für friedlichen Tausch schaffen, indem er die Vertragstreue und Vertragsidee mit seinen Rechtsmitteln pflegt und schützt. So entsteht das Vertrags-, Handels- und Patentrecht. Denn der Zweck der kapitalistischen Unternehmung „ist die Erzielung von Gewinn. Das eigentümliche Mittel zur Erfüllung dieses Zweckes ist die Vertragsschließung über geldwerte Leistungen und Gegenleistungen. Jedes technische Problem muß sich im Rahmen der kapitalistischen Unternehmung in einen Vertragsabschluß auflösen lassen, auf dessen vorteilhafte Gestaltung alles Sinnen und Trachten des kapitalistischen Unternehmers gerichtet ist"[2]).

Der Staat ist dem kapitalistischen Menschen nur ein Mittel der Wirtschaft, er hat keine Eigenwerte, seien sie volklicher oder sozialer oder politischer oder sonstiger Art. Der Staat ist lediglich ein Vertrag aus Selbstsucht, er ist ein Geschäftsunternehmen. Eine politische Tat ist ihm eine wirtschaftlich günstige Staatshandlung. Politischer Fortschritt ist ihm gleichbedeutend mit steigendem Profit. Das Recht ist eine Konvention

---

[1]) Werner Sombart „Das Wirtschaftsleben im Zeitalter des Hochkapitalismus, 1927, 51—52.
[2]) Werner Sombart „Der moderne Kapitalismus", 5. Aufl., Bd. I, 321.

um des Nutzens willen: die Gesellschaft ist ein Gleichgewicht von Egoismen. Der kapitalistische Mensch hat nur ein Nützlichkeitsverhältnis zu Staat, Gesellschaft und Recht. Er ist national und für Zölle, Monopole und für imperialistische Politik, wenn er Gewinne dabei machen kann. Er ist ebenso international und Freihändler, wenn sich ihm damit Gewinnmöglichkeiten bieten. Er propagiert freie Wirtschaft und akzeptiert gleichzeitig mit Freuden Staatszuschüsse, Staatskredite und Beihilfen. Er ist für den Krieg und ebenso für den Frieden, wie es seinen jeweiligen Geschäftsinteressen entspricht. Er hat nur ein Verhältnis zum Staat, das des eigenen Profits. Diesem staatlichen Unternehmen etwas zu opfern, widerspricht seinem kapitalistischen Eigeninteresse. Er zahlt folglich Steuern nach dem Entgeltungsprinzip und nicht nach dem Opferprinzip. Er kann die staatliche Macht nicht auf Grund einer Idee anerkennen, ebensowenig vermag er das Recht als eine sittliche Forderung zu begreifen. Die einzig wahre und wirkliche und legitime Macht ist ihm der Reichtum, die einzige Fundierung des Rechtes ist ihm seine Nützlichkeit. Staatsbürgerliche Tugenden sind ihm Fleiß, Sparsamkeit, Solidität, Vertragstreue, Pünktlichkeit usw., also spezifisch kapitalistisch-bürgerliche Tugenden. Soziales Gefühl, gemeinwirtschaftlicher Gestaltungswille, künstlerisches Verantwortungsbewußtsein, Beschaulichkeit und Tiefe scheinen ihm überflüssig oder sogar staatsgefährlich. Karitas bringt ihm keinen Gewinn. Gemeinschaftswille ersetzt er durch Eigennutz, Gerechtigkeit durch den Marktmechanismus, Kameradie durch Konkurrenz.

Er hat auch nur ein Verhältnis zur *Gesellschaft*, das des eigenen Profits. Er kennt daher keine Gemeinschaften des Blutes, der Idee, der Überzeugung, der Tradition, sondern nur Interessengemeinschaften. „Das Interesse, das der ökonomische Mensch an seinen Mitmenschen nimmt, ist ein reines Nützlichkeitsinteresse. Er sieht sie gleichsam nur von der Seite, mit der sie dem Wirtschaftsleben zugewandt sind, also als Produzenten, Konsumenten und Tauschbereite. Er bedient sich ihrer Hilfe; aber auch dieses Zusammenwirken steht unter dem Gesichtspunkt, daß dabei eine positive Bilanz, ein Plus für ihn selber herauskommen soll. Dieses Verhältnis kann bis zur ökonomischen Ausbeutung gehen, die vom nackten Gesichtspunkt der

Rentabilität betrachtet durchaus ökonomisch-folgerichtig ist."[1] Der kapitalistische Mensch beurteilt seinen Mitmenschen und dessen Qualitäten nur unter geschäftsmäßigem Gesichtspunkt. Er schiebt ihren Taten wirtschaftliche Motive unter, er schätzt ihre Berufe nach ihrem Einkommen; denn Beruf ist ihm gleich Erwerb. Er wertet seine Mitmenschen nach ihrer Arbeits- oder Kapital- oder Kaufkraft. Er erweist Gefälligkeiten, Teilnahme und Ehrenbezeugungen, weil er ihre werbende wirtschaftliche Kraft kalkuliert. Er spricht Anerkennung und Achtung durch Geld- und Kreditgabe aus und fühlt sich selbst durch geldmäßigen Erfolg und Kreditwürdigkeit anerkannt und geehrt. Und wie er als staatsbürgerliche Tugenden nur solche begreift, die die kapitalistische Brauchbarkeit des Staates fördern, so sieht er ganz allgemein die Tugenden und moralischen Qualitäten der Menschen nur in Rücksicht auf kapitalistische Nutzbarkeit. Er kennt nur eine utilitarische Moral. Typisch sind die Vorhaltungen Benjamin Franklins:

> „Wer dafür bekannt ist, pünktlich zur versprochenen Zeit zu zahlen, der kann zu jeder Zeit alles Geld entlehnen, was seine Freunde gerade nicht brauchen. Dies ist bisweilen von großem Nutzen. Neben Fleiß und Mäßigkeit trägt nichts so sehr dazu bei, einen jungen Mann in der Welt vorwärts zu bringen, als Pünktlichkeit und Gerechtigkeit bei allen seinen Geschäften. Deshalb behalte niemals erborgtes Geld eine Stunde länger als du versprachst, damit nicht der Ärger darüber deines Freundes Börse dir auf immer verschließe.
>
> Die unbedeutendsten Handlungen, die den K r e d i t eines Mannes beeinflussen, müssen von ihm beachtet werden. Der Schlag deines Hammers, den dein Gläubiger um 5 Uhr morgens oder um 8 Uhr abends vernimmt, stellt ihn auf sechs Monate zufrieden: sieht er dich aber am Billardtisch oder hört er deine Stimme im Wirtshause, wenn du bei der Arbeit sein solltest, so läßt er dich am nächsten Morgen um die Zahlung mahnen, und fordert sein Geld, bevor du es zur Verfügung hast.
>
> Außerdem zeigt dies, daß du ein Gedächtnis für deine Schulden hast, es läßt dich als einen ebenso sorgfältigen wie e h r l i c h e n M a n n e r s c h e i n e n , und das vermehrt deinen Kredit."

„Die Ehrlichkeit ist n ü t z l i c h ," sagt hieran anschließend Max Weber[2], „weil sie Kredit bringt, die Pünktlichkeit, der Fleiß, die Mäßigkeit ebenso, und deshalb sind sie Tugenden: — woraus u. a. folgen würde, daß, wo z. B. der S c h e i n der

---

[1] E. Spranger „Lebensformen", 1924, 136.
[2] Max Weber „Gesammelte Aufsätze zur Religionssoziologie", I, 1922, 34.

Ehrlichkeit den gleichen Dienst tut, dieser genügen und ein unnötiges Surplus an dieser Tugend als unproduktive Verschwendung in den Augen Franklins verwerflich erscheinen müßte. Und in der Tat: wer in seiner Selbstbiographie die Erzählung von seiner «Bekehrung» zu jenen Tugenden oder vollends die Ausführungen über den Nutzen, den die strikte Aufrechterhaltung des S c h e i n e s der Bescheidenheit, des geflissentlichen Zurückstellens der eigenen Verdienste für die Erreichung allgemeiner Anerkennung habe, liest, muß notwendig zu dem Schluß kommen, daß nach Franklin jene wie alle Tugenden auch *nur soweit* Tugenden sind, als sie in concreto dem einzelnen nützlich sind und das Surrogat des bloßen Scheines überall da genügt, wo es den gleichen Dienst leistet: — eine für den strikten Utilitarismus in der Tat unentrinnbare Konsequenz." Die moralischen Qualitäten werden also nur wirtschaftlich gewertet. „Der Mann ist gut," d. h. er ist wirtschaftlich zuverlässig.

Da der kapitalistische Mensch nur im erzielten Gewinn eine wahre Leistung sieht und da alle Anordnungen zur Gewinnerzielung von ihm getroffen werden, so ist s e i n e Leistung ihm die einzig wahrhaft produktive. „Die treibende Kraft in der modernen, kapitalistischen Wirtschaft ist also der kapitalistische Unternehmer und nur er. Ohne ihn geschieht nichts. Er ist darum aber auch die einzige „produktive", d. h. schaffende, schöpferische Kraft, was sich unmittelbar aus seinen Funktionen ergibt. Alle übrigen Produktionsfaktoren: Arbeit und Kapital befinden sich ihm gegenüber im Verhältnis der Abhängigkeit, werden durch seine schöpferische Tat erst zum Leben erweckt. Auch alle technischen Erfindungen werden erst durch ihn lebendig. — Man kann deshalb sagen, daß gerade die hochkapitalistische Wirtschaft in ihrem gesamten Bau aus der schöpferischen Initiative der W e n i g e n hervorgegangen ist." [1]) Nur das kapitalistische Individuum, er selbst, der kapitalistische Unternehmer ist schöpferisch, Leistungen können also — für ihn — nur Leistungen der *Einzelnen* sein. Er achtet deshalb nur die einzelne wirtschaftliche Persönlichkeit und verachtet die Masse, das Volk, das Kollektivum. Er ist auch hier

---

[1]) Werner Sombart „Das Wirtschaftsleben im Zeitalter des Hochkapitalismus", 1927, 11,

58

Individualist. Er vertritt daher in Staat, Gesellschaft und Wirtschaftsbetrieb die Herrschaft Einzelner, er hält jede wahre Demokratie, Kameradschaft und Genossenschaft für untüchtig und sogar utopisch. Er erstrebt Diktatur, s e i n e Diktatur über den Markt, die Konsumenten, den Staat, die Rohstoffe, Arbeiter und Ingenieure. Gewiß ist er für Freiheit, für wirtschaftliche Freiheit zumal, aber er ist für die Freiheit des Stärkeren — seine eigene Freiheit — über den Schwächeren. Er begehrt für sich ein Maximum an Freiheit, um dem wirtschaftlich Schwächeren ein Maximum an Unfreiheit aufzwingen zu können. Denn auch die Freiheit ist ihm kein Ideal und kein sittliches Gebot, keine Fanfare menschlicher Würde und Verheißung edleren Menschentums, sie ist ihm nur und nur ein Mittel seiner eigenen Selbstsucht und Profitsucht.

e) Die Kultur des kapitalistischen Menschen

Alles Denken und Trachten des kapitalistischen Menschen ist überwiegend auf Erwerb mittels Kapital gerichtet. Wirtschaft und Wirtschaftstheorie, Rationalität, Staat, Politik, Recht und Sozialwelt werden vom Gesichtspunkt eines möglichst hohen Gewinns betrachtet und in Richtung auf diesen Gewinn geformt. Dabei werden sie — der inneren Notwendigkeit des kapitalistischen Menschen entsprechend — aller eigenen Qualitäten und Werte beraubt und nur noch als Materialien und Hilfsmittel des kapitalistischen Erwerbswillens begriffen. Jeder einfache menschliche Typus, jeder ideale Grundtypus der Individualität im Sinne Sprangers, der ja e i n e n Wert und e i n Wertgebiet vorzüglich erlebt und demgemäß lebt und wirkt, jeder solcher Grundtypus ist wesensnotwendig e i n seitig. Aber diese Einseitigkeit ist bei den verschiedenen Grundtypen von ganz verschiedener Enge und Starre, von ganz differentem Sinn und Bedeutung. Wenn beispielsweise der ästhetische Mensch die ganze Welt ästhetisch schaut und begreift und aus der Sphäre der Kunst Motivation und Gesetz seines eigenen Lebens empfängt, so ist das gewiß einseitig. Aber indem er einseitig Welt und Leben nur auf ihren ästhetischen Gehalt betrachtet und gestaltet, muß er sie beobachten, sie nachfühlen, sich in sie versenken. Er muß sich um ihr *Wesen* bemühen. Er bleibt also trotz aller Einseitigkeit nicht in die enge Welt seines Ichs eingeschlossen, bleibt nicht ichsüchtig, egozentrisch. Er ist den Dingen und Geschehnissen hingegeben und er steht unter einem objektiven Gesetz, dem der Schönheit. Und indem er alles auf ein ästhetisches Maß und Urteil bezieht, zwar einseitig nur auf sie bezieht, tut er der Welt doch nicht jenen verzerrenden Zwang an wie der kapitalistische Mensch. Denn bei diesem ist das Ziel seines Lebens ganz ichsüchtig. Er sucht nichts, das im Wesen der Dinge und Menschen selbst läge, sei es deren Schönheit oder ihre naturgesetzliche Struktur oder ihr Bezogensein auf irgendeinen religiösen Sinn des Seins, sondern er geht nur auf ihre profitmäßige V e r wertung aus. Er „ver"-wertet sie, d. h. er entwertet sie. Er steht unter keinem *objektiven* Maß und Gesetz, er steht nur unter seiner *subjektiven* egozentrischen Gewinnsucht. Er ist nicht nur einseitig in Richtung e i n e s objektiven Wertgebietes, er ist zudem noch einseitig infolge wesensnotwendiger Überbetonung der S u b j e k t seite. Er findet keinen Halt am Wesen der Dinge und Menschen, da er sie ja nur als „Ware" und nicht als „Wesen" sieht. Deshalb ist schon der vollentwickelte kapitalistische Typus und nicht erst der überentwickelte Typus von außerordentlicher Einseitigkeit, deshalb ist gerade beim kapitalistischen Menschen die monomanische pathologische Gefahr ungewöhnlich nah. Deshalb hat er kein wahres Verhältnis zu den Werten der Kultur; denn er sieht und erlebt sie derartig einseitig, derart ichbezüglich, daß er ihr Wesen nicht mehr erfaßt, nicht einmal mehr von e i n e r Seite erfaßt. In seinem Weltbild erscheinen alle höheren Werte verzerrt, er ist — in höherem Sinne — ohne Kultur und unkultiviert.

Sein W i s s e n um Dinge und Menschen ist „Branchenkenntnis", also lediglich eine Kenntnis ihrer gewinnbringenden Verwertbarkeit. „Zweckfreies Wissen wird ihm zum Ballast."[1] Wissenschaft als eigenwertiges Kulturgut ist ihm verschlossen, er weiß nichts von der Würde des Geistes. Sein Handeln wird nicht durch theoretische Motive entschieden. Er beugt sich nicht einer verpflichtenden Erkenntnis; er sucht die Entscheidungen und Erfüllungen seines Lebens nicht in der Gesetzlichkeit des

---

[1] Eduard Spranger „Lebensformen", 1924.

Geistes, sondern im Glücksspiel des Wirtschaftskampfes. Er folgt dem Trieb und dem Machtwillen, aber nicht der Einsicht, der Ratio. Er ist Rationalist der Mittel, aber kein Rationalist von Weltanschauung. Er begreift daher auch Wissenschaft als rationalistisches Mittel, als Denkökonomie, und nicht als rationalistische Weltanschauung oder als Kulturaufgabe. Er meint, sie solle möglichst einfach (Mach, Avenarius) und möglichst nützlich sein (Vaihinger, James), und übersieht, daß sie in erster Linie w a h r zu sein hat. (Es interessiert hier nicht, ob und wie weit der empirische Positivismus und der Pragmatismus auch aus nichtkapitalistischen Gesinnungen erwachsen. Ob und wie weit sie auch Ausdruck einer „technischen" Geisteshaltung sein können, das soll bei der Analyse des technischen Menschen näher untersucht werden.) Es kommt dem kapitalistischen Menschen im Leben wie in der Wissenschaft in erster Linie auf Nützlichkeit und nicht auf Wahrheit und Wahrheitsliebe an. Und da Wahrheitsliebe letzten Endes in Philosophie gipfelt, so ist er ein durchaus unphilosophischer Geist, ist er nicht beschaulich, nicht grüblerisch, nicht problematisch, nicht reflektierend.

Sondern er ist tätig, er „hat zu tun", ist betriebsam und geschäftig. Er „handelt" in des Wortes zweifacher Bedeutung, indem er Handel treibt, also in ständiger Handlung ist, ohne aber zu gestalten, ohne ein plastisches, sinnliches Werk zu formen. Denn Zweck, Ziel und Erfolg seiner Arbeit ist der Gewinn, der geldwerte Überschuß, ist ein Abstraktum. Er muß reden, aber nicht dichten; muß d i s p o n i e r e n, aber nicht k o m p o n i e r e n; er muß organisieren, aber nicht modellieren; muß analysieren, aber nicht konstruieren. Er schafft weder Bild noch Form noch Gestalt noch Werk. Er schafft nie Schönheit, nie Kunst, er verwendet sie höchstens, sei es als Ware (Kunsthandel, Kunstgewerbe) oder als Werbemittel (Reklame, werbende Repräsentation, krediterhöhende Schaustellung). Kunst ist ihm Luxus, d. h. sie scheint ihm als solche überflüssig und daher nur als Mittel zum Zweck sinnvoll.

Es ist verständlich, daß der kapitalistische Mensch kein bewußtes Verhältnis zu den *letzten Dingen des Seins* hat. Mögen auch religiöse Kräfte wie die des Puritanismus und des Judentums historisch seine Entfaltung wesentlich gefördert haben, im vollentwickelten kapitalistischen Menschen sind diese Kräfte nicht mehr wirksam. Die tiefe, demütige und zuversichtliche wirtschaftliche Bitte des religiösen Menschen, die Bitte „Unser täglich Brot gib uns heute", ist dem kapitalistischen Menschen völlig wesensfremd. Denn er bittet nicht, sondern er erkämpft; er begnügt sich nicht mit dem täglichen Brot, sondern will unbegrenzt erwerben; er sorgt nicht für den heutigen Tag, er vertraut nicht einem gütigen Gott, er hat nicht das sichere Gefühl des Geborgenseins in einer göttlichen Weltordnung, sondern er fühlt sich isoliert, bedroht, ständig in seiner Existenz gefährdet und muß deshalb vorsorgen, Sicherungsmaßnahmen treffen auf möglichst weite Sicht. Und wie er nicht die sichere Ruhe und das Geborgensein des religiösen Menschen kennt, so weiß er auch nichts von dessen Erschütterungen, von Schuld, Sühne, Opfer, Reinigung, Erlösung, Ergriffenheit, Jubel, Begeisterung, Ekstase, Glauben, Liebe, Heiligkeit und Seligkeit.

Aber wenn auch der kapitalistische Mensch wie fast alle nicht ausgesprochen religiöse Menschentypen kein bewußtes Verhältnis zu den letzten Dingen des Lebens hat, so ragt doch sein Leben in diese Sphäre hinein. Auch der kapitalistische Mensch will R a u m und Z e i t überwinden, auch er strebt aus Begrenztheit und Vergänglichkeit hinaus, auch er hat einen Willen zur Ewigkeit. Er erhebt sich über die Grenze seiner ichsüchtigen Person, indem er das Gewinnstreben objektiviert und einem Gewinne dient, auf dessen eigentlichen Genuß er ja verzichtet. Er sucht die Vergänglichkeit seines eigenen Lebens zur Dauer zu verwandeln in der überpersönlichen „Firma". Er stellt sich unter ein Schicksal, indem er etwas wagt, etwas riskiert, indem er auf „Glück" hofft. Er überwindet die Zeit- und Todesgefühle, indem er sich immerzu betätigt und ein unendliches Ziel setzt, er überwindet also die Zeit durch U n e n d l i c h k e i t und *nicht* durch zeitlose *Vollendung*. („Das Unendliche endet niemals, es ist in *ewiger Bewegung;* das Vollendete ruht jenseits von Wechsel und Verwandlung, es ist von *ewiger Dauer*"[1]). Er will unendlichen Gewinn, unendlichen Fortschritt und unendliche Expansion, er entwertet die Gegenwart und überwertet die Zukunft. Er ist ein f a u s t i s c h e r Mensch, ist maßlos, rastlos, von außerordentlicher Energie und

---

[1] Fritz Strich „Klassik und Romantik", 1922.

Dynamik. Das ist seine Größe, hier erwachsen seine Leistungen. Und unter diesem Aspekt erscheinen seine Schwächen als Stärken: sein Individualismus ist Kraft, sein Mangel an Plastizität ist Dynamik, seine Rücksichtslosigkeit ist Gesundheit, seine monomanische Einseitigkeit ist Größe und Dämonie, sein Mangel an Humanität ist Übermenschentum, seine Ungeistigkeit ist Vitalität.

Hier jedoch waren seine Eigenschaften zu entfalten und zu beschreiben, nicht aber zu werten.

III. Der technische Mensch

1. Begriff und Idee der Technik

Begriff, Wesen, Zweck und Idee der Technik sind oft definiert worden. Max Schneider faßte 1912[1]) die patentrechtlichen, wirtschaftstheoretischen, juristischen, historischen und philosophischen Bemühungen wie folgt zusammen: „Technik ist Gestaltung durch kunstmäßiges Handeln an den natürlichen Formen und Stoffen zu menschlichen Zwecken." Technik im engeren Sinne „ist wiederum zu unterscheiden von zweckbewußtem Können im allgemeinen, z. B. Technik des Dramas"[1]). Gottl-Ottlilienfeld[2]) unterscheidet Individualtechnik (Technik der Leibesübungen, Mnemotechnik, usw.), Sozialtechnik (Technik des Kampfes, des Erwerbs, der Rhetorik, der Pädagogik, des Regierens usw.), Intellektualtechnik (Methodologie, Technik des Rechnens, Technik des Klavierspiels, Technik des Dramas usw.) und *Realtechnik* („Technik des naturbeherrschenden, an den Naturgesetzen orientierten Handelns"). Nur die Realtechnik ist gemeint, „wenn s ch l e ch t h i n von Technik gesprochen wird" (Gottl). Technik im engeren und eigentlichen Sinn ist für Gottl-Ottlilienfeld „das abgeklärte Ganze der Verfahren und Hilfsmittel des naturbeherrschenden Handelns". Diese Gottl'sche Definition begreift also Technik als die Verfahrensweise des naturbeherrschenden Handelns, also als die Methodik, die Kunstfertigkeit, das zweckbewußte Können des naturbeherrschenden Handelns. Die Realtechnik erscheint hier demnach als ein Sonderfall, ein Untergebiet des „zweckbewußten Könnens im allgemeinen" (Schneider), sie erscheint als ein Spezialfall der allgemeinen Technik im Sinne von Methodik; denn Technik ist nach Gottl im subjektiven Sinn die „Kunst des rechten Wegs zum Zweck" und im objektiven Sinn das „abgeklärte Ganze der Verfahren und Hilfsmittel des Handelns, innerhalb eines bestimmten Bereichs menschlicher

---

[1]) Max Schneider „Über Technik, technisches Denken und technische Wirkungen", 1912, Dissertation Erlangen.
[2]) Fr. von Gottl-Ottlilienfeld „Wirtschaft und Technik", 1923.

Tätigkeit". Gottl definiert also die Technik ebenso wie Voigt, der sie als Mittelwahl bei gegebenem Zweck begreift, und wie Sombart, der sie eine Verfahrensweise nennt. Dieser als Methodik begriffenen Technik steht nun aber die Technik als Kulturbereich gegenüber, nämlich als Kulturbereich der Produkte schaffenden Arbeit, der Kulturbereich der Sacherzeugung, der Bereich des naturbeherrschenden Handelns. Technik als Methode aber — so erkannten wir auch früher — hat ebensowenig mit derjenigen Technik zu tun, die Welt und Arbeitsgebiet des Ingenieurs umfaßt, wie die Kunst als Kunstfertigkeit mit der Kunst als ästhetischem Bereich und wie die Ökonomie als allgemein rationalistisches Ziel mit der „Nationalökonomie". Beliebt man auf wirtschaftswissenschaftlicher Seite trotzdem weiterhin Technik als Methodik zu verstehen, so wird man zu Formulierungen folgender Art gezwungen sein: statt von der Methodik und Ökonomik der Technik wird man von *der Technik der Technik* reden müssen, statt von der Ökonomik der Wirtschaft werden wir von der *Ökonomik der Sozialökonomik,* statt von der Kunstfertigkeit in der Kunst werden wir von der *Kunst der Kunst* sprechen müssen. Das ist vielleicht etymologisch gerechtfertigt, aber gemeinsame Sprachwurzeln sind keine zulänglichen Gründe zur mißdeutigen und vieldeutigen Verwendung eines Wortes und erst recht keine Beweise für i n n e r e Zusammenhänge der mit dem gleichen Wort deckbaren verschiedenen Sachverhalte. Deshalb wird hier statt Technik als Methodik stets eindeutig von Methodik und Rationalität gesprochen. Unter Technik hingegen wird der Kulturbereich der Sacherzeugung verstanden.

T e ch n i k i s t S a ch e r z e u g u n g , wenn in dieser Formel der Begriff der Sache und der Sacherzeugung genügend weit gefaßt wird: die „Sache" als das durch kunstmäßiges Handeln aus natürlichen Stoffen, Formen und Energien gestaltete Gebilde, die „Sacherzeugung" als das Entwerfen, Planen, Organisieren, Anordnen, Ausführen, Leiten und Überwachen der Gestaltung dieser Gebilde. Technik ist w e s e n t l i ch Sacherzeugung, sie gestaltet nicht nebenbei die materiale Welt, sondern sie ist ganz und wesentlich auf die Gestaltung der materialen Welt gerichtet und ausgerichtet. Auch der Maler und Bildhauer gestalten Stoffe der äußeren Natur zu „Sachen", zu Bildern und Plastiken, aber diese materiale Gestaltung erfolgt nebenbei, sie ist nicht wesentlich. Denn der Maler will keine Leinwand mit Farbe anstreichen, sondern ein Gemälde schaffen; der Bildhauer will nicht einen Stein mechanisch bearbeiten, sondern eine Plastik schaffen. Das Material wird hier nur als *Träger* ästhetischer Farb-, Form- und Ausdruckswerte verwendet, nicht aber seiner eigenen wesenhaften Qualitäten wegen. Die Qualität der Leinwand unseres Beispiels — Zerreißfestigkeit, Weichheit, Wärmeleitfähigkeit, Biegsamkeit und Schmiegsamkeit — ist für den ästhetischen Gehalt des Gemäldes so gut wie ohne Belang. Der Künstler schafft nicht einen technischen D i e n s t wert, sondern einen ä s t h e t i s c h e n Wert. In der Baukunst wird die Grenze zwischen Technik und Kunst fließend. Weist der wesentliche Schaffensimpuls in die Richtung der Sacherzeugung, so haben wir es mit Technik zu tun (Bauingenieur); weist er in die Richtung des ästhetischen Formens und Gestaltens, so haben wir es mit Kunst zu tun (Architekt).

Technik ist wesentlich Sacherzeugung, oder in der Definition von Julius Schenk ist Technik „schöpferische, Produkte schaffende Arbeit" [1] oder in Anlehnung an die Begriffsbildung Gottl-Ottlilienfeld's „der Bereich des naturbeherrschenden Handelns". Technik ist *aber nicht nur* „Gütererzeugung" oder „Warenerzeugung" oder „Produktion" *im Sinne der Wirtschaftslehre*. Technik ragt zwar in den wirtschaftlichen Umlauf von Erzeugung - Verteilung - Verzehr hinein, aber sie ragt nur mit e i n e r Seite ihres Wesens in die wirtschaftliche Zirkulation hinein. Technik ist ein sinnvoller menschlicher Bezirk auch außerhalb des wirtschaftlichen Kreislaufs, ja sie ist wesenhaft gerade außerhalb des Zirkulationskomplexes. Und wie nur ein Außenbezirk ihres Wesens der wirtschaftlichen Welt geöffnet ist, so tritt auch nur ein Teil ihrer Sacherzeugnisse in den wirtschaftlichen Umlauf ein; so wird auch nur ein Teil ihrer Produkte zu „Waren", wenn man unter einer „Ware" ein Produkt versteht, das einen Marktpreis hat und nach den Gesetzen des Marktes erzeugt wird, also dem Rentabilitätsinteresse dient. Straßen, Kanäle, Hafenbauten, Schutzanlagen

---

[1] Julius Schenk „Die Lehre von der schöpferischen, Produkte schaffenden Arbeit, die grundlegende Erziehung für den Maschinen-Ingenieur", I, 1928.

wie Talsperren, Dämme und Flußkorrektionen, Kanalisation und sonstige Ingenieurhygiene, Kriegstechnik, technische repräsentative Bauten wie monumentale Brücken, Bahnhöfe und Gebäude sind solche technischen Sacherzeugnisse, die keine „Waren" sind. Zwar greift der wirtschaftliche Kreislauf in mannigfacher Weise in ihre Erzeugung ein, aber sie selbst kommen nicht mehr in die wirtschaftliche Zirkulation. Da der Begriff der „Wirtschaft" sehr verschieden weit gefaßt wird, so mag man diese technischen Erzeugnisse, die nicht Waren sind, zur Wirtschaft zählen oder nicht; auf jeden Fall aber gehören sie nicht zur M a r k t wirtschaft und damit nicht zur *kapitalistischen* Wirtschaft. Sie sind Objekte der Gemeinwirtschaft oder der Samtwirtschaft oder Volkswirtschaft, aber nicht der Privatwirtschaft. Und so umgreift, indem wir Technik als Sacherzeugung und nicht als Warenerzeugung definieren, unsere Definition schon implizite den Wesensunterschied von kapitalistischer Wirtschaft und technischer Wirtschaft. Die „Technik" wird in unserer Definition *allgemein* begriffen und nicht zur industriellen Technik eingeengt. Damit ist in einer wichtigen Beziehung eine hinreichend weite Wesensbestimmung sichergestellt. Wie weit sich aus der Unterscheidung von Sacherzeugung und Warenerzeugung Erkenntnisse über das Wesen kapitalistischer und technischer Wirtschaftsführung und Wirtschaftsgesinnung analysieren lassen, das soll bei der Darstellung der Wirtschaft des technischen Menschen eingehender erarbeitet werden.

Technik ist wesentlich Sacherzeugung. Sie darf nicht zum Bezirk der Warenerzeugung eingeengt und als solche mißverstanden werden. Ebenso darf der Begriff der Technik nicht eingeschränkt werden auf die moderne Technik. Sacherzeugung hat es seit den Uranfängen menschlicher Kultur gegeben. Folglich muß auch das innerste und tiefste Wesen der sacherzeugenden Technik und des sacherzeugenden technischen Menschen unberührt vom geschichtlichen Wandel aufzuzeigen sein. Denn „Technik in diesem allgemeinen, weitesten und tiefsten Sinn — im Sinne schöpferischer, produktiver Arbeit um des sinnerfüllten Lebens willen — ist nichts Neues, erst Entstandenes. Sie ist gleich ewig, gleich notwendig, uranfänglich mit der Menschheit, mit dem Menschlichen, sobald dies überhaupt den ersten Schritt vom Tier zum Menschen, und das heißt zu menschlicher Kultur zu tun vermag."[1]) Faßt man derart das Wesen der Technik jenseits ihrer historischen Abwandlungen, so bleibt man vor so gewichtigen Irrtümern bewahrt wie dem, daß Technik nichts weiter sei als „angewandte Naturwissenschaft". Denn hier wird ein *sekundäres* Merkmal n e u zeitlicher Technik in den Mittelpunkt der Definition gesetzt und dadurch das innerste Wesen der Technik verdeckt und übersehen. Die geistigen *Mittel*, mit denen Sacherzeugung verwirklicht wird, sind zwar in verschiedenen Kulturstufen durchaus *verschieden* gewesen. Aber trotz der Verschiedenheit der Wege war das wesentliche Z i e l s t e t s g l e i c h : Gestaltung und Lenkung der Stoffe und Energien der äußeren Natur zu menschlichen Zwecken. Ob der primitive Mensch mit magischen Mitteln die Naturgewalten zu bannen suchte und Tiere zähmte, ob der mittelalterliche Handwerker traditionalistisch sein technisches Wissen und Können weitergab, ob der moderne Ingenieur mit rationaler Wissenschaft arbeitet, w e s e n t l i c h ist stets der Wille zur Lenkung und Gestaltung der äußeren Natur, u n - w e s e n t l i c h dagegen sind die Mittel.

Magische, traditionalistische und rationalistische Technik sind ebenso verschiedene S t r u k t u r formen der Technik, wie Hauswirtschaft, Handwerk und Industrie verschiedene B e - t r i e b s formen der Technik repräsentieren. Und wie im Kapitalismus rationalistischer Struktur, im modernen Kapitalismus, die Triebkräfte des Gelegenheitskapitalismus und des Abenteuerkapitalismus und des Beutekapitalismus lebendig geblieben sind als Spekulation, Wagemut und Ausbeutungsdrang, so sind auch in der modernen Technik noch die zentralen Erlebnisse magischer und traditionalistischer Technik wirksam: das „magische" Erlebnis der ungeheuren Tatsache, die Dinge der Außenwelt beeinflussen zu können, mit all seinen psychischen, religiösen und ethischen Ausstrahlungen, und das „traditionalistische" Erlebnis der Formbarkeit und Gestaltbarkeit der Materie, das künstlerische Gestaltungserlebnis des mittelalterlichen Handwerkers und Baumeisters.

---

[1]) Manfred Schröter „Die Kulturmöglichkeit der Technik als Formproblem der produktiven Arbeit", 1920, 57.

Der Rationalismus der modernen Technik ist wie der Rationalismus des modernen Kapitalismus nur eine Eigenschaft sekundärer Art. Und wie die spezifische Rationalität des kapitalistischen Menschen ihr spezifisches Wesen aus den in ihr wirkenden irrationalen Momenten empfängt, so ist auch die wesenseigentümliche Rationalität des technischen Menschen bedingt durch die in ihr wirkenden wesenseigentümlichen irrationalen Triebkräfte und Erlebnisse der a-rationalen Technik. Charakterologisch bedeutet das folgendes: Wie der kapitalistische Mensch schon mit der unerweiterten, d. h. ahistorischen Begriffsfassung prägnant gesetzt ist, so ist auch *das Wesen der Technik* und damit der technische Mensch schon *jenseits aller historischen Modalitäten prägnant gesetzt.* Die spezifisch technische Rationalität ergibt sich wesensnotwendig, wenn die zentrale Idee und das innerste Wesen der Technik analysiert und entfaltet wird, wenn der technische Mensch entfaltet wird bis zu jenem v o l l entwickelten idealen Typus, der neben vielen anderen Wesenseigenschaften auch eine wesenseigentümliche Rationalität besitzt. Deshalb sind alle Wesensbestimmungen der Technik, die den Rationalismus neuzeitlicher Technik in das Zentrum des Begriffes stellen, wie z. B. die Definition „Technik ist angewandte Naturwissenschaft", ebenso abzulehnen wie diejenigen Bestimmungen des Kapitalismus, die sein innerstes Wesen im Rationalismus schlechthin sehen.

Kapital ist Erwerbskapital (Erwerbsvermögen), die Idee des Kapitalismus ist Erwerb mittels Kapital. Technik ist Sacherzeugung, *die Idee der Technik ist Erzeugung von Sachen.* Während man heute zwischen Kapital und Kapitalismus unterscheidet (Marx nannte noch sein Werk „Das Kapital" und nicht „Der Kapitalismus"!), während man für das objektivierte Substrat das Wort „Kapital" und für die an und mit diesem Substrat geübte Tätigkeit und für die aus dieser Tätigkeit entspringende Gesinnung und Lebensform das abgeleitete Wort „Kapitalismus" gebraucht, wird das Wort „Technik" einmal für das objektivierte Substrat der Sacherzeugung (Werkzeuge, Maschinen, Fabriken, Verkehrseinrichtungen, Bauten und Verfahren usw.) *und* für die Tätigkeit der Sacherzeugung selbst und für die an dieser Tätigkeit sich entfaltende Gesinnung und Lebensform verwendet. Um dieser doppelten Deutung des

Wortes „Technik" zu entgehen, hat man vorgeschlagen, in Parallele zu den Begriffen „Kapital" und „Kapitalismus" die Begriffe „Technik" und „Technizismus" zu bilden. (Statt „Technizismus" werden auch „Technokratie" und „Meta-technik" gelegentlich verwendet.) „Technizismus" wäre dann ebenso die auf der Sacherzeugung basierende Lebens- und Welt-anschauung, wie „Kapitalismus" die auf dem Erwerbskapital basierende Lebens- und Weltanschauung ist. Ein menschlicher Typus, der den „Technizismus" verkörpert, hieße dann ebenso ein „technizistischer" Mensch, wie der dem Kapitalismus ent-sprechende Typus ein „kapitalistischer" Mensch heißt. Ein „technischer" Mensch dagegen wäre dann ein künstlicher Mensch, eine Menschmaschine.

Das Wort „Technizismus" hat sich aber in keiner Weise durchgesetzt. In der ganzen maßgebenden Literatur wird statt „Technizismus" durchweg von „Technik" gesprochen [1]). Dieses Festhalten am Wort „Technik" und Ablehnen des Wortes „Technizismus" ist nicht nur durch Zufälligkeiten des Sprach-g e b r a u c h s bedingt, sondern hat einen tieferen Grund im Sprach g e f ü h l. Ob der klassische und der klassizistische Mensch, der soziale und der sozialistische Mensch, der ästhe-tische und der ästhetizistische Mensch, der expressive oder der etpressionistische Mensch, ob der militärische und der militä-ristische Mensch unterschieden werden, stets bezeichnet die ab-geleitete, die „istische" Form einen extremeren oder einen ein-seitigeren oder einen ungesunderen oder einen übertriebenen oder einen unplastischen und unsinnlichen Sachverhalt oder einen Sachverhalt aus zweiter Hand oder reflektierter Natur. Die vom Kapital ausgehende Lebenshaltung ist — wie ein-gehend gezeigt wurde — eine extreme, einseitige und unplastische Lebensform, sie ist „istisch", nämlich „kapital-istisch". Die von der Sacherzeugung her gewonnene Lebensform aber ist un-gekünstelt, plastisch vielseitiger und dem Lebendigen näher,

---

[1]) Zschimmer „Die Philosophie der Technik", Dessauer „Die Philo-sophie der Technik", Weyrauch „Die Technik", J. Goldstein „Die Technik", Koudenhove-Calergi „Apologie der Technik", M. Schrö-ter „Die Kulturmöglichkeit der Technik". Auch bei Scheler, Sombart, Schmoller, Spranger usw. wird stets „Technik" gebraucht. Mir ist überhaupt kein Werk bekannt, das das Wort „Technizismus" im Titel führt.

sie ist nicht „istisch", nicht „techni-zistisch", sondern einfach und schlicht „technisch". Deshalb soll auch hier des üblichen Sprachgebrauches und des Sprachgefühls wegen statt „Technizismus" schlicht „Technik" und statt „technizistisch" schlicht „technisch" gebraucht werden.

2. Begriff und Idee des technischen Menschen

Es wurde formuliert: Kapital ist Erwerbskapital (Erwerbsvermögen). Die Idee des Kapitalismus ist Erwerb mittels Kapital. Ein Mensch ist kapitalistisch, wenn seine Interessen überwiegend auf den Erwerb mittels Kapital gerichtet sind.

Entsprechend gilt: Technik ist Sacherzeugung. Die Idee der Technik ist die Erzeugung von Sachen. *Ein Mensch ist technisch, wenn seine Interessen ü b e r w i e g e n d auf die Erzeugung von Sachen gerichtet sind.*

Während der kapitalistische Mensch oft beschrieben und analysiert wurde und mindestens als möglicher Typ gilt, ist eine grundsätzliche Analyse des technischen Menschen bisher nicht erfolgt und zwar aus wesentlich zwei Gründen. E i n m a l wird die Möglichkeit eines idealtypischen technischen Menschen notwendig übersehen, sobald Technik als Methodik mißverstanden wird. Mit den gleichen Argumenten, mit denen der Technik der Rang eines selbständigen Kulturgebietes abgesprochen wird, wird dann auch die Existenz eines selbständigen technischen Wertes und technischen Wertbildes und damit auch der selbständige technische Menschentypus abgestritten.

Eduard Spranger beispielsweise gibt eine Analyse des Technikers, die durchaus nur eine Analyse des Methodikers ist. „Einen Techniker im Sinne unserer isolierten Grundtypen werden wir vielmehr jeden nennen," so führt Spranger aus, „der ohne Erwägung der ethisch geforderten Ziele auf die sichere, wissenschaftlich begründete und ökonomisch gelenkte Mittelwahl eingestellt ist"[1]). Das ist ersichtlich nicht der technische Mensch, der hier gemeint ist. Und auch Spranger

---

[1]) Eduard Spranger „Lebensformen", 1924, 324, 326.

selbst gibt zu: „Wir wissen sehr wohl, daß der Ingenieur der
Gegenwart geistig viel mehr bedeutet. Er ist nicht bloßer
Techniker"[1]). Wenn dann aber Spranger fortfährt: „Der bloße
Techniker . . . übernimmt einfach die zugestellte Aufgabe, ohne
ihren Wert zu kritisieren. . . . Eben deshalb bedarf besonders
der Techniker als Gegengewicht gegen seine einseitige Richtung
einer hochgesteigerten geistigen Kultur. Sie ist es, die in Verbindung mit dem eigentlichen Technischen die höhere Verant-
wortlichkeit der deutschen Ingenieure begründet"[1]), so wird
deutlich, wie durch die Gleichsetzung von Technik und Methodik das wahre Problem des Technischen und des technischen
Menschen überdeckt wird. Denn neben dem Methodiker als
Typus wird nunmehr der baumeisterliche Typus garnicht mehr
gesehen, sondern die Lebensform „Ingenieur" unorganisch als
ein Methodiker mit geistig-kulturellem „Gegen-Gewicht" begriffen.

Charakterologisch findet sich hier also das gleiche Urteil
wie auf der kulturphilosophischen Ebene wieder, daß nämlich
die „Technik" an sich wertfrei sei und ihre Ziele erst von den
sogenannten geistig-kulturellen Gebieten zu empfangen habe,
daß sie der Diener jedermanns sei. Da Ethik und Wertbild,
Struktur und Lebensform des bauenden Menschen kaum entwickelt ist, spricht man immer wieder fälschlicherweise von der
Neutralität der Technik und des technischen Menschen. Der
Techniker sei der Diener sowohl der Wirtschaft wie der Armee,
des Arztes wie des Einbrechers. Allerdings ist der Techniker
der Diener jedermanns, solange er sich nicht auf den Wesensgehalt und die Zielrichtung seiner Arbeit besinnt. Wer aber
reinen und freudigen Herzens Eisen zu dienenden Maschinen
formt und wundersames Licht Tausenden von Menschen
spendet, der kann keine Waffen bauen, um sein Werk zu
zerstören. Wer mit Flugzeugen und elektrischen Wellen Völker
und Erdteile verbindet, der kann wesensnotwendig nicht die
Vereinzelung und den gegenseitigen Kampf der Völker wollen.
Wer tagtäglich in gemeinsamer Arbeit Werke schafft, kann nicht
seine Mitarbeiter ausnützen oder verachten. Wer in Brücken
und Turbinen die Gesetzlichkeit der Natur und des Geistes
verkörpert, der kann wesensnotwendig nicht die Entschei-

---

[1]) Eduard Spranger „Lebensformen", 1924, 324, 326.

72

dungen und Erfüllungen des Lebens im Glücksspiel des Krieges oder der freien Wirtschaft suchen. *Aus der technischen Arbeit erwächst so wesensnotwendig eine baumeisterliche Gesinnung, eine Lebensform des technischen Menschen und damit auch eine technische Ethik.*

Dieser *technische Mensch* ist ebenso wie der kapitalistische Mensch *ein idealer Typus.* Mit dem technischen Menschen ist also grundsätzlich kein wirklicher Mensch oder der durchschnittliche gegenwärtige Ingenieurtyp gemeint, sondern eben ein idealer Typus, d. h. ein Typus, der aus einer gesetzten Grundrichtung an Hand von Wesensgesetzen entfaltet wird. Wird ein Typus gesetzt, dessen Interesse überwiegend auf einen bestimmten Sinn und Wert des Lebens gerichtet sein soll, so läßt sich zwingend erweisen, daß dieser Typ wesensnotwendig so oder so sein müßte. Solch ein Typ besteht zu Recht oder Unrecht nur auf Grund seines wesensgemäßen oder wesensungemäßen Aufbaus, nicht aber auf Grund empirischer Menschen. Gewiß kann der Idealtypus in einem empirischen Menschen realisiert werden, aber der empirische Mensch ist in der Regel nur auf den Idealtypus „angelegt", er strebt ihm zu. Der idealtypische technische Mensch ist derjenige gedachte Mensch, der die Tätigkeit seines Berufes als eine hohe Form der Lebenserfüllung liebt, will und ausübt. Aus solcher Hingabe an ein Ziel des Lebens, an einen „Beruf", erwächst ein bestimmtes Ethos, eine Auffassung des Lebens und der Welt, ein Fühlen, Wollen und Denken, dessen Struktur aus dem Wesen der Sinnrichtung, der Berufung, entfaltet werden kann. Ohne diesen Geist ist keine wahrhafte Tat; in jeder Tat, in jedem Werk ist darum dieser Geist eingeschlossen, so daß er aus ihr und an ihr analysiert und demonstriert werden kann, wie ja schon der Geist des kapitalistischen Menschen aus seiner spezifischen typischen Sinnrichtung analysiert werden konnte. Aber es kann auch Intention des Wirkenden und Sinn des Werkes auseinanderfallen. „Bisweilen ist ein anderer der Zweck des W i r k e n d e n und ein anderer der Zweck des W e r k e s an sich betrachtet; wie der Baumeister zum Zweck haben kann den Geldgewinn, der Zweck des Bauens aber ist das Haus" (S. Thomas). Da jedoch nach unserer Definition die Interessen des technischen Menschen *wesentlich* auf die Erzeugung von

Sachwerken gerichtet sind, so kann bei dem technischen Idealtypus Zweck des Wirkenden und Zweck des Werkes nicht verschieden sein. Denn dann wäre ja das wesentliche Interesse des Wirkenden n i ch t auf die Erzeugung von Sachwerken gerichtet! Beim kapitalistischen Menschen dagegen divergiert der Sinn des Wirkenden und der Sinn des Werks, des Sachwerks. „Das wird," sagt Sombart im Anschluß an das Wort des Thomas[1]), „namentlich eine grundlegend wichtige Unterscheidung in der kapitalistischen Wirtschaft, wo der Zweck des Wirkenden und der Zweck des Werks immer auseinanderfallen." Begreift man jedoch das Werk allgemein als das Ge-„wirk"-te, so gilt auch für den kapitalistischen Menschen die Identität von Zweck des Wirkenden und Zweck des Werks; denn der kapitalistische Mensch will nicht das Haus wirken, sondern den Geldgewinn, sein „Gewirktes" ist der Überschuß. Denn das Werk des kapitalistischen Menschen ist die Dividende und die Prämie, das Werk des technischen Menschen dagegen die Maschine und das Bauwerk.

Der idealtypische technische Mensch wird also e i n m a l dadurch überdeckt, daß die Begriffe Technik, Methodik und Wirtschaft nicht klar geschieden werden. Der technische Mensch wird dann entweder wie bei Spranger zum methodischen Menschen oder er wird vom kapitalistischen Menschen nicht getrennt, indem man wie z. B. Karl Eschweiler[2]) den Begriff des industriellen Menschen prägt. Auch Sombart's Unterscheidung der Unternehmertypen des Fachmanns, Kaufmanns und des Finanzmanns verführt zu Verwischungen und ist wenigstens für unseren Zusammenhang unglücklich[3]). Z w e i t e n s wurde und wird die Erkenntnis eines selbständigen technischen Idealtypus dadurch behindert und erschwert, daß der technische Mensch noch kein historischer Typus ist wie der kapitalistische Mensch. Gesittung und Gesinnung des kapitalistischen Menschen haben in so breiter Weise in die Wirklichkeit eingegriffen, daß die Tatsache eines spezifischen kapitalistischen Welt- und Wertbewußtseins und damit auch die Existenz eines spezifischen

---

[1]) Werner Sombart „Der moderne Kapitalismus", 5. Aufl., 11—12.
[2]) Karl Eschweiler „Die Herkunft des industriellen Menschen" im „Hochland", 10. Heft, Jahrgang 1924/25.
[3]) Werner Sombart „Das Wirtschaftsleben im Zeitalter des Hochkapitalismus", 1927, 15—19.

74

kapitalistischen Idealtypus allzu augenscheinlich wurde. Der technische Mensch hingegen beginnt erst sich seiner bewußt zu werden, ein besonderes technisches Welt- und Wertbild zu entfalten und sich auf den W e s e n s gehalt technischer Arbeit zu besinnen. Er wird vielleicht einmal in Zukunft die Kultur maßgebend gestalten, er ist durchaus noch ein Zukunftstyp. „Das haben wir Ingenieure vor anderen Menschen voraus," sagt schon Max Eyth[1]), „unsere Geister kommen nicht aus der Welt, die war, sondern aus der, die sein wird."

Wie weit sich technisches Weltgefühl und Wertbewußt- sein zu realisieren beginnen, welche Aussichten sich bieten, welche Wege möglich scheinen, alles das ist für unsere Unter- suchung ohne Interesse. Denn die Frage nach der vergangenen, gegenwärtigen oder zukünftigen Realisierung eines Idealtyps, sei es im einzelnen Menschen oder als kulturentscheidenden, vorherrschenden Typ, berührt nicht Struktur und Gestalt des Idealtyps. *Unabhängig von der Frage nach der historischen Verwirklichung besteht ein idealer Typus zu Recht oder zu Unrecht n u r auf Grund seines wesensgemäßen oder wesens- ungemäßen inneren Aufbaus.* Denn idealtypische Wesens- verhalte befinden sich außerhalb der historischen Ebene; denn Charakterologie ist keine historische Disziplin. Deshalb wurde auch der kapitalistische Mensch nicht als historischer Typus beschrieben, sondern unabhängig von historischen Fragen wesensanalytisch entfaltet, sodaß sowohl unser kapitalistischer Mensch wie auch unser technischer Mensch beide durchaus ideale Typen sind.

Ein idealer Typus ist ein Typus mit einer vorherrschen- den Sinn- und Zielrichtung. Dieser Sinn- und Zielrichtung läßt sich am besten in einer besonderen Funktion, in einem be- sonderen Beruf nachleben, der idealtypischen Funktion und dem *idealtypischen Beruf.* Als idealtypische Funktion des kapitalistischen Menschen wurde die des Unternehmers und nicht die des genialen Wirtschaftsschöpfers erkannt. Es wurde auch schon eingehend gezeigt, daß es ein schwerer idealtypologischer Fehler ist, wenn als idealtypische Funktion des technischen Menschen die des Erfinders gesetzt wird, wie es fast immer bisher geschehen ist. Denn der schöpferische geniale Mensch

---

[1]) Carl Weihe „Max Eyth, Kurzgefaßtes Lebensbild", 1916, 75.

eines Lebensgebietes ist wesensnotwendig nicht der typische Mensch dieses Gebietes, er ragt ja als schöpferischer Mensch über den typischen Menschen hinaus, er ist als schöpferischer Genius eine einmalige und keine typische Erscheinung dieses Lebensgebietes. Er kann wohl für den Typus des schöpferischen Menschen schlechthin stehen, aber nicht für die Spezialität seines Schaffens. Er steht in einer Ebene mit dem schöpferischen Dichter, Staatsmann, Wirtschaftler, aber ebensowenig in einer Ebene mit dem t y p i s ch e n technischen Menschen wie der geniale Wirtschaftsschöpfer in einer Ebene mit dem t y p i s ch e n Unternehmer. Es geht nicht an, abwechselnd den typischen und den genialen Menschen eines Kulturgebietes miteinander zu vergleichen, wie es z. B. Friedrich Dessauer tut. In seiner „Philosophie der Technik" [1]) setzt er den Erfinder gleich dem typischen repräsentativen technischen Menschen, in seiner „Kooperativen Wirtschaft" [2]) wiederum begreift er als typischen Unternehmer den genialen Wirtschaftsschöpfer.

Der idealtypische Mensch ist der v o l l entwickelte Typus, und zwar in zweifachem Sinn. Erstens müssen die technisch-baumeisterlichen Interessen genügend überwiegen, damit überhaupt ein technischer Typ entsteht. Sie dürfen aber nicht überentwickelt sein, weil dann das Typische ins Pathologische umschlägt. Der vollentwickelte Typus liegt demnach zwischen dem unentwickelten und dem überentwickelten Typus. Er umgreift den unter- und den überentwickelten Zustand als s e i n e Gefahren, als seine Artmöglichkeit sich rückzubilden oder überzubilden. Es sind die Pole, zwischen denen s e i n Schicksal sich erfüllen kann.

Der vollentwickelte Typus muß aber nicht nur in Richtung seiner spezifischen Idee, also hier der technischen Idee, voll entwickelt sein, er muß z w e i t e n s auch hinsichtlich der allgemeinen menschlichen Anlage voll entwickelt sein. Er muß an willentlicher und theoretischer Fähigkeit, an methodischem und handwerklichem Können, an Geschicklichkeit des Begreifens und Anpassens usw. ein vollentfalteter Mensch sein. Sacherzeugung und damit auch den technischen Menschen und die technische Idee gibt es seit den Anfängen menschlicher

---

[1]) Friedrich Dessauer „Philosophie der Technik", 1927.
[2]) Friedrich Dessauer „Kooperative Wirtschaft", 1929.

Kultur, aber Umkreis, Mentalität, Differenzierung und Rationalität sind zu verschiedenen Zeiten durchaus verschieden gewesen. Das sind zwar sekundäre Merkmale, aber sie bestimmen eben die peripherischen Eigenschaften des Typs. Auch der Viehzüchter und Ackerbauer prähistorischer Zeiten waren technische Menschen, aber ihnen fehlt völlig die hochentwickelte Rationalität des modernen Menschen. Auch der mittelalterliche Handwerker war ein technischer Mensch und sogar ein technischer Mensch mit stark ausgeprägtem technischen Weltgefühl und technischen Wertbewußtsein. Seine Rationalität und Energie jedoch waren — am heutigen normalen Menschentypus gemessen — unentwickelt wie die des vormodernen Unternehmers. Der technische Idealtypus muß demnach entfaltet werden bis zu jenem v o l l entwickelten idealen Typus, der neben vielen anderen Wesenseigenschaften auch eine wesenseigentümliche Rationalität, eine wesenseigentümliche Wissenschaft, einen wesenseigentümlichen Wirtschaftswillen usw. usw. besitzt. Die unentwickelten Typen sind für ihn nur Gefahrmöglichkeiten der Rückbildung; geisteskranke Techniker beispielsweise bilden ihre rationale Methodik auf magische Methodik zurück [1]).

Der vollentwickelte technische Idealtypus ist der Ingenieur, der vollentwickelte kapitalistische Idealtypus ist der Unternehmer. Unentwickelte oder teilentwickelte technische Typen sind der industrielle Arbeiter und Meister, der Handwerker, Landwirt, Förster, der Zeichner und Techniker. Sie bleiben ebenso hinter dem technischen Idealtypus zurück, wie der Krämer, der kleine Händler und der kaufmännische Angestellte hinter dem kapitalistischen Idealtypus zurückbleiben. Der Erfinder ist ebenso der geniale technische Typus wie der Wirtschaftsschöpfer der geniale kapitalistische Typ. Der Bastler ist der dilettantische technische Typ und entspricht etwa dem kleinen, spielerischen kapitalistischen Spekulanten. Der technische Wissenschaftler ist das Gegenstück zum kapitalistischen Wirtschaftstheoretiker, sie sind die einseitig theoretisch bestimmten Typen und erreichen nicht die Totalität der idealen Typen. Der technische und der kaufmännische Direktor sind Verwaltungsspezialisten, der technische Betriebsleiter und der

---

[1]) M. Tramer „Technisches Schaffen Geisteskranker", 1926.

Privatwirtschaftler sind Betriebsspezialisten. Der Bankier, Fabrikant, Großindustrielle, Syndikus und Wirtschaftspolitiker sind ebenso Differenzierungen des kapitalistischen Typus, wie der Konstrukteur, Statiker, Laboratoriumschemiker und Prüffeldingenieur, Montageleiter und Bauleiter, der kommunale und der staatliche Baurat, der Bau- und Maschineningenieur usw. Differenzierungen des technischen Typs darstellen. Der kapitalistische Konsument schließlich ist allerletzter und passivster Träger kapitalistischer Gesinnung.

Das alles sind Differenzierungen und Abarten der idealen Typen. Der kapitalistische Unternehmer dagegen ist der erste und aktivste Träger kapitalistischer Gesinnung, er ist der ideale kapitalistische Typus selbst. Ebenso ist der Ingenieur, der gedachte, nicht spezialisierte, sondern technisch-universell gebildete Mensch, der erste und aktivste Träger technisch-baumeisterlicher Gesinnung. Er ist nicht nur technischer Wissenschaftler, nicht nur Konstrukteur oder Statiker, nicht nur technischer Direktor oder technischer Kaufmann, sondern er ist ganz allgemein derjenige Mensch, dessen Interesse überwiegend auf die Erzeugung von Sachwerken gerichtet ist. Er ist keine Differenzierung des technischen Typs, er ist der ideale technische Typus selbst. Dieser Idealtypus soll nunmehr entfaltet werden, wobei auf eine besondere Darstellung der Abarten des Typs ebenso wie bei der Analyse des kapitalistischen Menschen verzichtet wird, sofern sie sich nicht von selbst aus der Analyse des technischen Idealtypus ergibt.

Damit sind folgende *Leitsätze* gewonnen:
1. Technik ist Sacherzeugung.
2. Die Idee der Technik ist die Erzeugung von Sachwerken.
3. Ein Mensch heißt technisch, wenn seine Interessen ü b e r -
   w i e g e n d auf die Erzeugung von Sachwerken gerichtet
   sind.
4. Der technische Mensch ist ein idealer Typus. Der ideale
   Typus ist der vollentwickelte Typus. Seine idealtypische
   Funktion ist die des Ingenieurs und nicht die des Erfinders.

78

3. Analyse des technischen Menschen

a) Die Technik (die Produktion) des technischen Menschen

Ein Mensch heißt technisch, wenn seine Interessen überwiegend und wesentlich auf die Erzeugung von Sachwerken gerichtet sind. Solch ein technischer Mensch muß sich vorwiegend im Gebiet der *Sachproduktion* bewegen, wenn „Sache" oder „Sachwerk" in möglichst weitem Sinn verstanden wird als das durch kunstmäßiges Handeln aus natürlichen Stoffen und Energien gestaltete Gebilde. Der technische Mensch ist also ein produzierender Mensch, er ist ein Produzent, oder besser — da das Wort „Produzent" allzu leicht nur im wirtschaftlichen Sinn verstanden wird — er ist ein Produkteur. Dieser Begriff stammt aus dem Saint-Simonismus und dessen gegenwärtiger Erneuerung und trifft auch in seiner französischen Bedeutung des Werkschöpfers („le producteur") gut den hier gemeinten Verhalt. „Produktion wird dabei nicht marxistisch als Gütererzeugung, sondern aristotelisch als P o i e s i s verstanden" [1]. „Technik ist ganz allgemein echte Urproduktion," sagt ähnlich Rudolf Schwarz [2]. „Das heißt, sie zielt als *poietischer* Vorgang auf Existenz einer Welt, die vorher noch nicht da war . . ." Der technische Mensch ist demnach ein Produkteur. Er produziert Sachwerke und nicht Geisteswerke, er schafft in weitester Bedeutung „Gerät" und nicht „Sprache". Deshalb verläuft sein Schaffen jedoch nicht im Materiellen, sondern das Entwerfen, Planen, Organisieren, Anordnen, Leiten, Überwachen und selbst das Ausführen der Sachwerkgestaltung sind vorherrschend geistig-seelische Akte, aber das Ziel seines Schaffens ist wesentlich ein materielles Werk, eine Sache, ein Ding.

Sind die Interessen eines Menschen wesentlich und vorwiegend auf die Erzeugung von Sachwerken gerichtet, so muß

---

[1] E. R. Curtius „Zivilisation und Germanismus" (in „Der neue Merkur", 1925, Januar, 291).
[2] Rudolf Schwarz „Wegweisung der Technik", 1930.

dieser Mensch wesensnotwendig das Sachwerk bejahen. Er muß aktivistisch und nicht passivistisch sein. Einem vegetativen Dasein ohne Werke, einem beschaulichen Leben, aber auch einem nur theoretisch betrachtendem oder einem nur religiös versenkten oder einem nur ästhetisch entzückten oder nur erraffenden Leben zieht er das sachschaffende Leben vor. Er bejaht das Sachwerk, er glaubt an die Seligkeit des Werks, er will sich im Werk ausleben. Er übersieht oder läßt doch zumindest keinen Raum in seinem Lebens- und Weltgefühl der Fragwürdigkeit des Werks. Denn das Werk petrifiziert das Leben, es schafft Petrafakte statt des lebendigen Lebens, es ist eine tote Lebensausscheidung, es kann das Leben versklaven, in eigener Gesetzlichkeit weiterwirken und sich auf mannigfache Weise gegen seinen Schöpfer und die Menschen wenden. Doch alle Einwände gegen das Sachwerk lassen sich in Lobpreisungen umbiegen. Gewiß versteint das Leben im Werk, aber dadurch erhält das Leben erst Ausdruck, Gestalt und Gesicht, es schafft sich ein Symbol, ein Monument, es projiziert sich aus der Zeitlichkeit des Lebens in die Dauer des Werks, es schafft sich im „guten Werk" moralische Erhöhung und durch Teilnahme an der Schöpfung Sinn und Bestätigung. Aber das sind schon Ausstrahlungen des sachwerklichen Schaffens, „Philosophien der Technik", Theorien des objektiven Geistes, Schöpfungsmythen. Hier genügt es zunächst festzustellen, daß im sachwerklichen Akt selbst ein Eigenwert erfaßt, erlebt und vollzogen werden kann, ein Eigenwert, der sich sogar auf kosmische und ewige und göttliche Urverhalte zu beziehen vermag, der aber doch zunächst an sich erkannt werden muß. Er gehört zu den allgemeinen Werten der Schöpfung, Gestaltung und Formung, aber er bezieht sich nachdrücklich und wesenhaft auf die Schaffung eines materiellen Werkes, eines Dinges, einer Sache. Die technische Urtatsache, das maßgebliche technische Erlebnis erfüllt sich schon im Vollzug dieses Sachschaffens, des Produzierens, nicht erst in den Zwecken, denen das Gerät später zu dienen hat. Diese Zwecke stellen zwar die besonderen Bedingungen der jeweiligen Sachwerkaufgabe. Die baumeisterliche Kraft und Tat hat sich an ihnen zu bewähren und zu beweisen, aber das spezifische baumeisterliche Erlebnis, der zentrale Impuls und die innerste Erfüllung des technischen

Menschen ereignen sich unabhängig von den Zwecken, ebenso wie sich der eigentliche ästhetische Akt unabhängig von den religiösen oder soziologischen oder wirtschaftlichen Zwecken des Kunstwerkes erfüllt. Gewiß ragen die Zwecke in das Gefüge des Sachwerks und des technischen Menschen hinein, sie bestimmen den Strukturverhalt zwischen der baumeisterlichen Welt *und* der Wirtschaft, oder *und* der Gesellschaft, oder *und* der Kunst usw. Daß beispielsweise die technischen Sachwerke in die Wirtschaft, in die Produktion-Distribution-Konsumtion-Sphäre eingehen, das ergibt die besondere Beziehung des technischen Menschen zur Wirtschaft, eine Beziehung, die wesensgemäß die Wirtschaft von der Produktionsseite her erlebt und begreift. Aber dieses technisch-wirtschaftliche Gefüge darf nicht so mißverstanden werden, als ob der technische Mensch nur ein Produzent oder ein Diener der Wirtschaft sei. Er ist ein Produkteur und daher allerdings nebenbei auch ein Produzent, er ist ein selbständiger, nämlich sachwerkschaffender Menschentypus, und als solcher allerdings auch nebenbei ein Glied der Wirtschaft. Er schafft Sachwerke, weil er schon im Sachwerkschaffen als solchem ein hohes, schöpferisches Ziel des Lebens sieht, und nicht, weil das Sachwerk neben vielem anderem auch ein wirtschaftliches Gut ist.

Der technische Mensch kann deshalb sehr wohl auch s p i e l e r i s c h schaffen, übermütig, elegant, leicht, verspielt, verbastelt, hingegeben, heiter, beschwingt, geistreich, froh, plastisch, könnerisch-genießend, kameradschaftlich, schwebend, geistklar, sieghaft, ausschwingend und überlegen. Es ist durchaus kapitalistische Verfälschung, wenn man nur die wirtschaftlich nutzbare Arbeit als Technik gelten läßt, wenn man nur die ernste, pedantische, fleißige, sorgende und pflichterfüllende Arbeit als eigentliche technische Arbeit anerkennt. Der technische Mensch *schafft nicht aus Not*, Angst und Sorge, um eine schicksalhaft dünkende Gefährdung des Lebens zu überwinden, sondern er schafft, weil er im Gestalten der Sachdinge selbst eine lebenswerte Aufgabe erblickt. Das läßt sich immer wieder auch in der Geschichte der Technik zeigen. Not könnte höchstens zur Überwindung der Not anspornen, aber nicht zum hinausgehen über den Notbestand. Not kann auch durch Einschränkung und Bescheidung überwunden werden (China). Not macht nicht notwendig erfinderisch. Der technische Mensch schafft aber über das Notwendige hinaus. Keinerlei Not zwang zu Flugzeug und Auto, zu Radio und Schnellpresse, zu Turbine und Elektrizität. Keinerlei Not zwang den mittelalterlichen Handwerker zu künstlerischer Arbeit, den mittelalterlichen Techniker zur Kathedrale. Jeder historische, technische Standard geht in seinen eigentlichen und wesentlichen Leistungen über das Notwendige hinaus. Technisches Werk ist letztlich nicht notwendig, es ist schöpferische freie Tat. Das läßt sich auch ins Negative wenden. Einem nur beschaulichen oder nur innerlich gerichteten oder nur genießenden Menschentypus muß der technische Mensch in seinem Werkschaffen monomanisch und sinnlos erscheinen. Tatsächlich bewegt sich auch der technische Typus, wenn er entartet, in diese Richtung. Denn ein Mensch, dessen Interessen überwiegend auf die Erzeugung von Sachwerken gerichtet sind, setzt als Sinn seines Lebens ein Ziel, das vom Animalisch-Notwendigen oder vom Passiv-Genießerischen oder vom Erraffenden her nicht begriffen und erlebt werden kann.

Daß technisches Sachwerkschaffen seine Impulse nicht aus der Lebensnot empfängt, das beweist auch die Verschiedenheit der Arbeitsgepräge in den europäischen Ländern, Verschiedenheiten, die auf die verschiedenartigen nationalcharakterologischen Gefüge zurückgehen, innerhalb derer sich der technische Mensch entfaltete. Das Werk des Engländers „entspringt weniger . . . dem Bienenfleiß als dem ehrlichen Drange, etwas Solides und Vernünftiges in die Welt zu setzen. Über seinen Maschinen, Autos, Flugzeugen liegt etwas wie eine selbstverständliche, zuverlässige englische Schönheit"[1]). „Frankreich besitzt einen fein-mathematischen, sinnlich-ästhetischen Arbeitsschwung, wie ihn der Eiffelturm oder der elegante, etwas weibliche Gang seiner nicht allzu energischen Automobile aufweist . . . Das Volk besitzt zwar ein fein-rhythmisches Gefühl für die interessant bewegten Seiten der Technik, aber nicht für herrschsüchtige Sachlichkeit oder Wucht des Willens . . . Der Schwede hat eine Abneigung dagegen, etwas zu schaffen, was nicht im schwedischen Lebensstile wäre . . . Die Schweden sind technisch sehr begabt, und zwar in einer Mischung von basteln-

---

[1]) Eugen Diesel „Die deutsche Wandlung", 1929, 205—207.

dem, knabenhaftem Entzücken und wissenschaftlichem, warmem Eifer . . . Die Italiener sind mit lebhafter Kindlichkeit bei der Arbeit . . . Gesumme und Heiterkeit liegt auch über den armen Teilen des Landes . . . Bei bedeutenden Anlässen ist die Idee ihrer Arbeit einem Trompetenstoße ähnlich."

Wenn der technische Mensch wesenhaft und wesensgemäß nicht aus Not schafft, so kann der Geist seiner Arbeit nicht schwer, gedrückt, mißmutig, pflichterfüllend ernst oder asketisch sein. Sondern das innere Gefüge und die äußere Organisation der technischen Arbeit müssen so sein, daß das eigentliche baumeisterliche Erlebnis der Werktat erlebt und erfüllt werden kann. Die industrielle heutige Arbeitsordnung ist in diesem Sinne keineswegs technisch. Sie ist nicht angelegt auf Entfaltung technischer Menschentypen, sondern angelegt auf maximalen Geldgewinn. Taylor's Sekundenökonomie ist durchaus untechnische rationalistische Maßnahme. Denn sie liefert zwar vielleicht eine maximale Produktmenge, jedoch verhindert sie das baumeisterliche Erlebnis. Sie hemmt die Entfaltung der technischen Menschentypen. Gewiß ist der vollentwickelte technische Typus auch rationalistisch, aber rationalistische Haltung bedeutet nicht ohne weiteres Taylorismus. Rationalität ist höchste Zweckmäßigkeit der Maßnahmen zu einem Ziel, und eben dieses Ziel entscheidet über die Art der Maßnahmen und das *besondere* Gepräge ihrer Rationalität. Es gibt keine Rationalität schlechthin, sondern eben so viele Rationalitäten als es Zielsetzungen gibt. Darüber ist später noch eingehender zu sprechen. Hier genügt es zu erkennen, daß eine in sich höchst rationalistische Maßnahme deswegen noch keine technische rationalistische Maßnahme sein muß.

Wäre nicht nur die entscheidende, wesentliche Zielsetzung des baumeisterlichen Menschen formuliert, sondern wären auch die widerstreitenden Nebenzwecke untereinander ausgewogen, so ließen sich auch präzise Arbeitsmaßnahmen formulieren, so ließe sich von unserem heutigen Wissenstand aus die den gesetzten Zielen bestens entsprechende Arbeitsordnung angeben. Diese müßte vor allem die Entfaltung technischen Arbeitsgeistes und technischer Arbeitsgesinnung gewährleisten, eventuell selbst auf Kosten der erzeugten Produkt*menge*. Wieweit allerdings eine Schmälerung der verfügbaren Güter zugunsten der inneren Arbeitserfüllung hingenommen werden kann, wieweit auf materielle Erträge zugunsten ästhetischer und gestaltlicher Werte verzichtet werden kann, das ist unmöglich theoretisch zu entscheiden. Denn wenn auch das wesenhafte Ziel technischen Arbeitswillens die Sacherzeugung an sich um ihres eigenen schöpferischen Sinnes willen ist, so greifen doch in das Gefüge des Sachwerkes die äußeren Zwecksetzungen sekundär bestimmend ein, so daß eben die widerstreitenden Zwecke (technisches Arbeitsethos gegen materiellen Ertrag, subjektives Arbeitsausleben gegen objektive Forderungen der Produktivität, individuelle Entfaltung gegen gemeinschaftliche Bindung) gegen einander ausgeglichen und ausgewogen werden müssen. Ersichtlich taucht hier im Praktischen die gleiche Schwierigkeit auf, die sich charakterologisch als Unmöglichkeit exakter Umschreibung des *vollkommenen* Typus auftat. Das Auswiegen und Ausgleichen der widerstrebenden Sekundärziele ist theoretisch zwar nur im Umriß möglich, aber die ganze Schwierigkeit ist vielleicht nur theoretischer Natur. Denn es ist keineswegs gewiß, ob sich die verschiedenen Forderungen nicht gleichzeitig erfüllen lassen. Es ist möglich und sogar wahrscheinlich, daß die entfaltete technische Arbeitsgesinnung auch ein Maximum an Gütermenge, an persönlicher Beglückung und gemeinschaftlicher Bindung, an ästhetischer Verwirklichung und sozialer Nützlichkeit hervorbringen wird. Die Entwicklung der Betriebswissenschaft hat gezeigt, daß die geräuschlose und saubere und helle Werkstatt die Erträge steigert, daß der aufatmende und ausschwingende und besinnliche Arbeiter besser schafft als der gepreßte und eingezwängte und gehetzte, daß das schöne, gutgestaltete Produkt leichter verkäuflich ist, daß kameradschaftliche Werkgesinnung sich sogar kapitalistisch rentiert. So wird von Seiten der Menschenkunde, wie sie die industrielle Betriebslehre entwickelte, der modernen betrieblichen Personal- und Sozialpolitik her selbst in der kapitalistischen Wirtschaft langsam ein technisch-baumeisterliches Arbeitsgefüge aufgebaut. Weitsichtige kapitalistische Wirtschaftsführung hebt die kapitalistische Arbeitsordnung in weitem Maße auf. Das geschieht jedoch nicht etwa, weil ein weitsichtiger, ganz „richtiger" Kapitalismus wesensnotwendig zu einem ausgeglichenen, harmonischen und nicht verzerrten Arbeitsorganismus kommen muß — sodaß sich hier unsere Analyse des kapitalistischen Menschen als übertrieben und einseitig beweise —, vielmehr wird der Entfaltung des technischen Menschen innerhalb der Betriebe Raum gegeben, weil diese Menschen jahrzehntelang kapitalistischer Umformung widerstanden haben, sodaß ihnen immer noch eine innere technische Arbeitserfüllung wesentlicher ist als maximaler materieller Ertrag, und weil auch eine nur profitär orientierte Arbeitsordnung die natürliche menschliche Arbeitsstruktur mit ihren physischen und psychischen Anlagen und Grenzen nicht überrennen kann.

Vielleicht enthüllt sich an diesem Sachverhalt hier ein allgemeines Gesetz: Die in heldischer Gesinnung kämpfende Truppe wird stärker sein als eine von wirtschaftlichen oder politischen Interessen bewegte Truppe. Der um der Erkenntnis willen arbeitende Wissenschaftler wird sicherere wissenschaftliche Ergebnisse erarbeiten, als der von Ehrgeiz oder materiellem Streben bewegte. Der profitär angetriebene Unternehmer wird erfolgreicher sein als der politisch oder machtsüchtig oder sonstwie bewegte. Der um der sachschaffenden Werktat willen arbeitende Produkteur wird besser arbeiten als der profitär oder ehrgeizig oder asketisch bewegte. Ist das richtig, so wäre damit erwiesen, daß das wesensgemäße Zusammenklingen von Mensch und Ziel, daß *die „innerlich materialgerechte" Arbeit nicht nur am beglückendsten, sondern auch am erfolgreichsten ist.* Damit hätte sich dann die Schwierigkeit, die anscheinend sich widerstreitenden sekundären Ziele untereinander und mit dem Primärziel auszugleichen, auf eine natürliche Art erledigt. Damit sind jedoch zwei weitere grundsätzliche Schwierigkeiten noch nicht behoben, nämlich der Gegensatz zwischen der Arbeit des Ingenieurs und der des Arbeiters und der Gegensatz zwischen baumeisterlichem Werkwillen und dem Automatismus moderner Technik. Beide Probleme kommen von der Arbeitsteilung her.

Die kapitalistische Unternehmung kann nicht ausschließlich mit kapitalistischen Menschen betrieben werden, denn die idealtypische, nämlich die verkehrswirtschaftliche distributive Funktion des kapitalistischen Menschen bleibt notwendig auf wenige Mitglieder der Unternehmung beschränkt. Jeder kann nicht Unternehmer sein. Die Arbeiter, Meister, technische und kaufmännische Angestellte, Ingenieure und Chemiker können sich nicht zu kapitalistischen Menschen entwickeln, sie können nicht kapitalistisch „innerlich materialgerecht" arbeiten. Es bleibt somit in der kapitalistischen Unternehmung eine sachnotwendige Spannung zwischen dem Arbeitsziel und den Arbeitenden. Diese Spannung läßt sich zwar mildern, indem man auch in die nichtkapitalistischen Betriebsfunktionen die Gesittung und den Geist der führenden kapitalistischen Menschen hineinträgt. Aber der Arbeiter, der mit seiner Ware „Arbeit" handelt, fügt sich trotz seiner kapitalistischen Infizierung nur sehr oberflächlich in die kapitalistische Welt und den kapitalistischen Betrieb ein. Auch im Produktionsbetrieb technisch-baumeisterlichen Wesensgepräges bleibt eine Diskrepanz zwischen dem Wesensziel der Produktion und vielen Produktionsgliedern. Auch hier können nicht alle Baumeister, nicht alle Ingenieure sein. Aber diese Spannung ist ganz anderer Natur als die des kapitalistischen Betriebs. Im kapitalistischen Betrieb stoßen verschiedene Wesenstypen aufeinander, im technischen Betrieb handelt es sich um graduelle Unterschiede des gleichen Typus. Auch der Arbeiter ist ein technischer Menschentyp, aber gegenüber dem Ingenieur ein nicht vollentwickelter Typ. Ingenieure und Arbeiter eint das gleiche Ziel, Stoffe und Energien der äußeren Natur zu menschlichen Zwecken zu formen und zu lenken. Zwar erfüllt sich die baumeisterliche Tat nicht mehr einheitlich in jeder Person, sondern Planen, Entwerfen, Berechnen, Zeichnen, Anordnen, Ausführen, Lenken und Überwachen werden durch die Arbeitsteilung auf verschiedene Personen verteilt. Grundsätzlich jedoch kann jeder Werktätige am baumeisterlichen Erlebnis teilhaben, grundsätzlich läßt sich die Produktionsordnung so einrichten, daß jeder Werktätige entsprechend seiner Veranlagung innerlich „technisch" arbeiten kann.

Die moderne Technik will letzten Endes den vollautomatischen Betrieb, die vollendete moderne Technik würde sich ohne menschlichen Eingriff von selbst vollziehen. Damit wäre sie in des Wortes wahrer Bedeutung voll-endet, sie wäre am Ende. D e r m o d e r n e t e c h n i s c h e M e n s c h e r - s t r e b t a l s o e i n S a c h z i e l , d e s s e n E r r e i c h u n g s e i n L e b e n s z i e l — das baumeisterliche Erlebnis, die

86

baumeisterliche Tat — u n m ö g l i ch   m a ch e n   w ü r d e. Der
Automat ist das Ende der Technik, die Idee des Automaten
vernichtet die Idee des technischen Menschen. Allerdings ist
das Ziel der Technik nicht notwendig der Automat. Denn
Technik ist Sacherzeugung, die auch ohne Automat möglich
war und möglich ist. Aber der vollentwickelte technische
Mensch wird auf den Automaten nicht mehr verzichten können,
weil er die eleganteste und reichste Sachwerkerzeugung ermöglicht, den Ablauf der Technik den kosmischen und naturalen Abläufen auf tiefe Weise verbindet und so trotz aller
letztendlichen Antinomie doch der technischen Idee zu höchster
Verkörperung verhilft. Schließlich gilt der hier aufgezeigte
Verhalt ja für *jede Vollendung: sie ist zwar die Krönung der
Idee, aber deswegen notwendig auch ihr Ende,* eben eine volle
Endung. Auch die vollendete Philosophie würde das Philo-
sophieren überflüssig machen, eine vollendete Medizin könnte
als vollkommene Eugenik und Hygiene den Arzt entbehren.
Die Tragik der Vollendung trifft eben jede zielhafte Idee.

Die Interessen des technischen Menschen — so läßt sich
zusammenfassen — sind vorwiegend auf Erzeugung von
Sachwerken gerichtet, und zwar in erster Linie um der baumeisterlichen Tat und des baumeisterlichen Erlebens willen.
Das wesenseigentümliche Gebiet des technischen Menschen ist
darum die Sacherzeugung. Der technische Mensch ist ein Sach-
erzeuger, ein Produkteur. Sacherzeugung technischen Wesensgepräges ist grundsätzlich möglich. Denn erstens lassen sich die
Dienstzwecke der zu erzeugenden Sachwerke mindestens mit
technischer Gesittung in der Erzeugung ausbalancieren, es ist
jedoch wahrscheinlich, daß die „technische" Produktion auch
die Dienstzwecke besser und ergiebiger erfüllen wird als eine
Produktion nicht-produkteurmäßiger Struktur. Zweitens läßt
sich das Problem der Arbeitsteilung grundsätzlich in technischem Geiste lösen. Drittens endlich erwies sich die Antinomie
zwischen Werkwillen und Automatismus als *wesensnotwendig*
für jede auf Vollendung zielende Idee, sie erhärtet somit die
Wesensechtheit und Wesenswahrheit der technischen Idee.
Damit *ist erwiesen, daß ein technischer Mensch* in unserem
idealtypischen Sinne auch innerhalb der neuzeitlichen rationalen Technik *möglich ist.*

b) Die Techniktheorie des technischen Menschen

Der technische Mensch hat notwendig eine technische Ansicht von der Sachwerkerzeugung. Käme er zur Entwicklung einer Techniktheorie, einer allgemeinen Techniklehre, so müßte diese notwendig in ihren Grundideen und Ansätzen, ihrer Systematik, ihren Akzenten und ihrer Methodik von technischer Gesinnung sein. Denn die Theorie der Technik müßte der wissenschaftliche Ausdruck desjenigen Menschentypus sein, der hinter der Technik als treibende Kraft steht.

Es gibt aber bis heute *keine allgemeine Techniktheorie* oder allgemeine Techniklehre, wie es ebenso noch keinen ausgeprägten realisierten technischen Menschentypus gibt. Es gibt lediglich technische Fachwissenschaften und Fachlehren. Es gibt außerdem kapitalistische Theorien und Wissenschaften der Sachwerkerzeugung, die aber kapitalistische Theorien der Technik sind und so notwendigerweise weder eine geschlossene noch eine selbständige Techniktheorie sein können, da sie ja die Sachwerkerzeugung nur soweit begreifen, als sie kapitalistisch genutzt und überwältigt werden kann, und so erstens nur einen Teil der Technik umfassen und dieser zweitens überhaupt Selbständigkeit absprechen. Diese kapitalistische Theorie der Technik ist bei der Analyse des kapitalistischen Menschen dargestellt worden.

Will man die Grundideen und Grundansätze einer echten Techniktheorie entwickeln, so sind zunächst Zweck, Ziel und Umfang der Theorie klarzustellen. Hier herrscht viel Verwirrung. zumal das Problem einer allgemeinen Techniklehre in den letzten Jahren mit den *verschiedensten* Absichten wieder aufgegriffen wurde und zudem durch frühere Arbeiten verkompliziert ist.

Es gibt bis heute nur technische Hilfswissenschaften und technische Spezialwissenschaften. Die technischen Spezialwissenschaften sind erstens angewandte Naturwissenschaften und zweitens Technologien, d. h. sie behandeln erstens die in den technischen Sachwerken zu beachtenden Naturgesetze und beschreiben zweitens technische Verfahren und Erfahrungen. Sie erziehen Konstrukteure und sachtechnische Betriebsleiter. Sie behandeln Technik so, als ob Technik nur „angewandte Naturwissenschaft" und „Verfahren" sei und haben so zu den mißdeutigen Definitionen der Technik nicht wenig beigetragen. Sie behandeln *nicht* das technische Zentralerlebnis und den baumeisterlichen gestalterischen Willen und die Werktat, nicht den werktätigen Menschen (Betriebskunde, Betriebslehre usw. sind keine Theorien der Menschen des Betriebs; Psychotechnik ist lediglich Physiotechnik; Berufsschulung, -eignung, -auslese usw. verwechseln Tätigkeiten mit Berufen), sie behandeln nicht die soziale Verflechtung des werktätigen Menschen und die soziale Wirkung seiner Werke und damit nicht seine soziale Pflicht und Verantwortung, nicht die wirtschaftliche Wirkung und Rückwirkung. Die technischen Spezialtheorien sind also nicht nur Theorien technischer Teilgebiete, sondern sogar nur Teiltheorien dieser Teilgebiete. Sie wären deshalb auch für die Analyse unseres technischen Menschen gänzlich unbrauchbar, weil sie überhaupt nicht theoretischer Ausdruck des technischen Menschentypus sind. Sie sind ebenso wie Mathematik und Mechanik nur technische Hilfswissenschaften.

Faßte man alle diese Hilfswissenschaften der Berechnungen und Verfahren zusammen, wie es als Maßnahme gegen die Lehre und Praxis bedrohende Spezialisierung und für die technischen Mischstudien erstrebt wird, so würde man zwar eine sehr wünschenswerte *einheitliche technische Hilfswissenschaft* oder auch mehrere große Gruppen technischer Hilfswissenschaften erhalten (wie Reulaux's Kinematik, Zschimmers allgemeine Theorie), *aber durchaus keine allgemeine Techniklehre.* Ein Vergleich mit der Wirtschaftstheorie macht das noch deutlicher. Die Theorien des Geld-, Bank- und Börsenwesens, des Versicherungswesens, der Agrar-, Gewerbe- und Sozialpolitik, der Betriebswirtschaftslehre usw. geben zusammengefaßt die Spezielle Wirtschaftslehre, aber keineswegs die Allgemeine Wirtschaftslehre. Die Theorie des Bankwesens und der Bankbetriebslehre kann brauchbare Bankbeamte und Bankiers erziehen, ebenso wie die Theorie des Dampfturbinenbaus brauchbare Kraftwerksprojekteure und Detailkonstrukteure heranbilden kann. Aber über den größeren Zusammenhang, innerhalb dessen das Bankwesen oder der Turbinenbau erst sinnvoll wird, darüber kann weder die Theorie des Bankwesens noch die des Turbinenbaus etwas aussagen. Auch die Zusammenfassung der speziellen Wirtschaftskenntnisse im Mehrfach-Fachmann für Bank, Verkehr, Buchführung usw. ergibt nicht den allgemeinen Wirtschaftsmenschen und die Allgemeine Wirtschaftstheorie. Der Multi-Spezialist ist nicht der Universalist seines Gebietes. So kann auch der Mehrfach-Spezialist für Turbinenbau, Radiotechnik, Stickstoffchemie und Eisenbeton nur auf Grund seines Mehrfach-Sonderwissens niemals die allgemeine Techniktheorie begründen. Denn der größere Zusammenhang ergibt sich nicht durch Addition der Teiltechniken.

Damit läßt sich ein erstes positives Ziel einer allgemeinen Techniktheorie formulieren: *Die allgemeine Techniktheorie muß den größeren Zusammenhang begründen, innerhalb dessen die einzelnen Techniken erst sinnvoll werden. Infolgedessen kann die allgemeine Techniktheorie nicht die speziellen Theorien und Hilfstheorien ersetzen*, da sie sich auf einer anderen höheren Ebene vollziehen muß. Sie kann jedoch zur Vertiefung der speziellen Theorien beitragen und diese aus speziellen Hilfstheorien zu wirklichen speziellen *Techniktheorien* entwickeln und diese in den größeren Zusammenhang einbetten. Umgekehrt können pädagogische Reformen der Lehrpläne und der einzelnen Fachtheorien, die eine technisch wesensgemäßere Theorie und Lehre erstreben, zwar zur Allgemeinen Techniktheorie hinführen, sind jedoch selbst noch nicht diese allgemeine Theorie [1]).

Die Allgemeine Techniktheorie müßte auch die wirtschaftlichen Wirkungen und Rückwirkungen der Technik berücksichtigen. Das Fehlen der wirtschaftlichen Dimension in den technischen Fachtheorien wird schon seit langem kritisiert. Berücksichtigung der wirtschaftlichen Seite der Technik macht zwar die bestehenden Teillehren weniger speziell, aber ergibt noch nicht die allgemeine Theorie. Selbst die allgemeine Einordnung der technischen Erzeugung und Erzeugnisse in das

---

[1]) Die Verquickung von reformerischen Lehrabsichten mit der Schaffung einer Allgemeinen Techniktheorie findet sich bei Julius Schenk, Riedler, Romberg u. a.

System der Wirtschaft begründet nicht die allgemeine Techniktheorie. Denn die Technik ragt zwar in die Sphäre der Wirtschaft hinein, ist aber ein selbständiges wesenseigentümliches
Gebiet außerhalb der Wirtschaft. Die Begründung einer allgemeinen Techniktheorie von der Wirtschaft her müßte das
Wesenseigentümliche einer solchen Theorie notwendig übersehen, und kann — wie schon wiederholt hier gezeigt wurde —
nur zu einer Techniktheorie des wirtschaftlichen Menschen führen.
„Wie falsch und irreführend ist es doch gewesen", sagt auch
K. Dunkmann [1]) „was so oft geschah und immer noch geschieht,
wenn man etwa vom Wirtschaftswissenschaftler sich die Aufgabe und das Wesen der Technik vorschreiben ließ! Dann hieß
es immer, daß die Technik nur die Magd der Wirtschaft und
ihr zu dienen berufen sei. Eine selbständige Aufgabe sah der
Wirtschaftler natürlich nicht." Allerdings *muß die Allgemeine
Techniktheorie der Wirtschaft, soweit sie in die Technik hinein-
ragt, ihren Platz innerhalb des Gesamtsystems der Technik an-
weisen.* Sie muß vom Gesamtsystem aus auch die Grundansätze
einer technischen Wirtschaftslehre entfalten, die eigentliche
Entwicklung einer technischen Wirtschaftslehre ist jedoch nicht
ihre Aufgabe (wie es auch nicht die Aufgabe der allgemeinen
Wirtschaftslehre ist, die Betriebswirtschaftslehre der Produktion
zu entwickeln).

Die Allgemeine Techniktheorie müßte auch den sozialen
Ort der Technik begründen. Nach Dunkmann [1]) muß es
„ . . . um des sozialen Menschen im Techniker willen eine
Theorie der Technik geben, damit der Techniker seinen besonderen Platz im sozialen Gefüge mit Bewußtsein, mit
Charakter und Berufsstolz ausübe . . . es fehlt der bewußte
Standpunkt, von dem aus der Techniker in die Sozialwelt
eingreift. . . . So bietet die Theorie der Technik vom Standpunkt der Technik ein soziales Gesamtbild der Welt, in der
wir alle gemeinsam beruflich wirken, zusammenwirken zum
Wohl des Ganzen." Die Theorie der Technik soll jedoch nach
Dunkmann *nur* „Sozialanschauung", nicht aber „Weltanschauung" vermitteln. Gewiß ist Sozialanschauung ein sehr wichtiges
Gebiet der Techniktheorie, aber nur *ein* Gebiet unter vielen,
und nicht ihre einzige und eigentliche Aufgabe.

---

[1]) Karl Dunkmann „Zur Theorie der Technik", Z. d. V. D. I., 1927, 1619.

Die Vermittlung von Weltanschauung dagegen *ist nicht mehr die Aufgabe einer Techniktheorie,* sie ist nicht einmal für die spezifisch technische, für die baumeisterliche Weltanschauung zuständig. Denn sobald die spezifische Gesinnung und Gesittung des technischen Menschen über sein eigentliches Schaffensgebiet hinausgreifen in weltanschauliche Bezirke und für dieses Hinausschweifen theoretische Besinnung und Einsicht suchen, werden sie philosophisch. Die Vermittlung spezifisch technischer Weltanschauung, ihre theoretische Fundierung und Einordnung ist somit Aufgabe einer Philosophie der Technik (entsprechend der Wirtschaftsphilosophie) und nicht Aufgabe der Techniktheorie. Die Behandlung der kulturellen Auswirkungen und Wechselwirkungen der Technik (Dichtung, Musik, Bildende Kunst, Philosophie, Wissenschaften usw.) gehört in grundsätzlicher Hinsicht in eine Kulturphilosophie der Technik und in tatsächlicher Hinsicht in eine Kulturlehre der Technik oder eine Kulturgeschichte der Technik. *Die Techniktheorie hingegen hat lediglich die Theorie der Technik innerhalb des technischen Wirkungskreises zu sein.*

Es kann hier nicht unsere Aufgabe sein, die Allgemeine Techniktheorie zu entwickeln. Diese unsere Allgemeine Techniktheorie würde sich ergeben, wenn unsere Analyse der Technik und des technischen Menschen, soweit sie den eigentlichen technischen Wirkungskreis betrifft, in einer Theorie zusammengefaßt würde. Zu den Grundlagen und Grundansätzen dieser Allgemeinen Techniktheorie ist jedoch noch einiges zu bemerken.

Ein Mensch ist technisch — so hatten wir definiert —, wenn seine Interessen überwiegend auf die E r z e u g u n g von Sachwerken gerichtet sind, wenn er ein P r o d u k t e u r ist. Eine Techniktheorie ist somit nur dann technisch, wenn sie in den Mittelpunkt ihres theoretischen Gebäudes die sachwerkschaffende A r b e i t stellt und wenn sie diese in produkteurmäßiger Gesinnung behandelt. Techniktheorie ist Theorie der werktätigen, der sachwerkschaffenden Arbeit.

„Eine Lehre der Arbeit will ich bringen," so leitet *Julius Schenk* seine „Lehre von der schöpferischen, Produkte schaffenden Arbeit, die grundlegende Erziehung für den Maschineningenieur" [1]) ein, „weil nur eine Lehre der Arbeit wieder Arbeit

---

[1]) 1928.

verständlich machen kann, weil nur eine erfolgreiche Lehre der Arbeit auch der Nachweis für die wahre Erkenntnis der Arbeit ist." (Leider setzt Schenk Schaffen gleich Wirtschaften und beschränkt sich auf die Maschinentechnik.) Er will „den Ingenieur als hochwertigen produktiven Schaffer, als Wirtschafter (in seinem Sinn) auffassen" und darlegen „das Wesen der Ingenieurarbeit als ein ‚Bauen‘ im Sinne von ‚Erbauen‘ "[1]). Die neue Lehre soll als Ziel haben: „Grundlegende Ausbildung zum Ingenieur, zum Wirtschaftler, zum Menschen, *Herausbildung der schöpferischen, gestaltenden Kraft des Menschen, auf dem die Ingenieurtätigkeit umfassenden Gebiete,* durch die die geistigen und sittlichen Fähigkeiten voll erfassende, erzeugend schaffende Arbeit zum Zwecke der Bedürfnisbefriedigung . . . Besonders wichtig ist, daß das Erbauen in engster Verknüpfung und Wechselbeziehung mit der schöpferischen Arbeit an sich selbst, mit dem Herausarbeiten der Persönlichkeitseigenschaften des Menschen bleibt."[1]) Rudolf Schwarz[2]) meint: „Not täte eine Lehre vom Tun oder richtiger *eine Lehre zum Tun.* Sie müßte der Bewegung des Geistes zum Werk zu helfen suchen.... Sehen wir recht, so müßte eine Werklehre, die ihrer Aufgabe gewachsen wäre, drei Teile umfassen. Der erste müßte ein W i s s e n geben und das Werk besonnen machen. Der andere müßte die Regel enthalten, die das Werk zuversichtlich macht. Der dritte müßte das Empfangen vermitteln; er macht das Werk ehrfürchtig. Keiner von ihnen ist ersetzlich; keiner ist heute auch nur in Andeutungen vorhanden." Nach *Karl Dunkmann* handelt es sich in der Theorie der Technik darum, wie die Welt nicht nur ‚begriffen‘, sondern gemeinsam ‚bearbeitet‘ wird.[3]) Und Hanns Lilje[4]) erkennt die *wollende* Persönlichkeit als den eigentlichen Träger der Technik.

Diese soeben angeführten wesentlichsten Äußerungen zu einer Allgemeinen Techniktheorie, die die werkschaffende, sacharbeitende und bauende Tat, das Erbauen, das Baumeisterliche in den Mittelpunkt der Theorie stellen wollen, werden beacht-

---

[1]) Julius Schenk „Zur Reform des Unterrichts des Maschinenbauwesens an den Technischen Hochschulen", 1920, 1—2, 7—8.

[2]) Rudolf Schwarz „Wegweisung der Technik", 1930, 25—33.

[3]) Karl Dunkmann „Zur Theorie der Technik", Z. d. V. D. I., 1927, 1619.

[4]) Hanns Lilje „Das technische Zeitalter", 1928, 53.

lich ergänzt und verstärkt durch die *modernen pädagogischen Experimente:* Arbeitsschule, Produktionsschule, Handfertigkeitsunterricht, Berufsschule, Montessori-Methode, das sowjetrussische Lehrwesen usw. bezeichnen schlagwortmäßig diejenigen pädagogischen Tendenzen, die die schaffende Arbeit und zumal auch die werkschaffende Arbeit innerhalb der Erziehung betonen und sich sogar an moderne Fabrikproduktionsmethoden anlehnen, Tendenzen, die in pädagogischen Reformen das Ziel einer echten Techniktheorie vorwegnehmen wollen und von denen merkwürdiger Weise das eigentliche technische Schulwesen der Höheren technischen Lehranstalten und Technischen Hochschulen so unberührt geblieben ist. Da will man „nicht Gebildete, sondern Bildende; nicht nur Kennen, sondern auch Können," nicht nur Begreifen, sondern auch Greifen. Da spricht L. Merz[1]) von der „Dreieinigkeit von Werkstoff, Werkzeug und schöpferischer Kraft", da wird immer wieder von schöpferischem Werktum, dem aus Berufung erwachsenden Beruf, von kooperativer Arbeit und von Fabrikmentalität gesprochen. Henry Wilson, der frühere Präsident der englischen „Arts and Craft Society" meint: „Die Aufgabe von heute ist, einen modus operandi zu finden: eine ,Möglichkeit des Schaffens' . . . Recht verstanden ist *eine echte Werkstatt eine echte Universität",*[1]) eine Werkuniversität.

Stellte die Techniktheorie des kapitalistischen Menschen ins Zentrum ihres Gebäudes die Warenerzeugung, so hat die Techniktheorie des technischen Menschen zentral von der Sachwerkerzeugung auszugehen. Die Theorie der Warenerzeugung ist *händlerische* Theorie, die der Sachwerkerzeugung hingegen *baumeisterliche* Theorie. Die Theorie der Warenerzeugung behandelt die Umwandlung des Kapitals mittels der Ware „Arbeit" in Produktionsmittel und Waren und deren Rückwandlung in Kapital zwecks Profitgewinn. Die Theorie der Sachwerkerzeugung dagegen behandelt die Umwandlung der Stoffe und Energien mittels menschlicher schöpferischer Kraft zu Sachwerken, die menschlichen Zwecken dienen sollen. Die treibende Kraft und das Grundprinzip des händlerischen Systems ist der Eigennutz, die des baumeisterlichen Systems die Schaffensfreude.

---

[1]) „Die Neue Erziehung", 1923, Heft 10.

Dieser Werkwillen greift die Erde, die Physis an, um sie in seinem Sinn zu lenken. Dieser Gestaltungswille erhebt sich und erlebt sich angesichts der ungeheuren Tatsache, daß die Welt nicht nur geschaut und erkannt und erfühlt, sondern auch *verändert* werden kann. Wie immer nun dieses Verändern in Gang gesetzt wird, stets verlangt es Einfühlung und Einsicht in das Wesen der Natur. Sei es, daß der primitive Mensch durch starkes, tiefes Anschauen in das Wesen der dämonischen Gewalten um ihn eindringt, um diese dann mit der beschwörenden Kraft der Gebärde und des Wortes (Zauber*formel*) und des Abbildes (Zauber*zeichnung*) zu bannen. Sei es, daß er die Formbarkeit des Stoffes erkennt und durch Versuchen und Modeln in sein Gefüge und seine Eigenschaften eindringt, sodaß er nun den gegebenen Stoff innerhalb dessen Wesensgrenzen zu menschlichen Zwecken umlagert, umformt und umgestaltet und so aus den Stoffen erst „Material" schafft. („Dieser Grundgedanke von der Bildsamkeit der Materie," formuliert H. Freyer[1]), geht davon aus, „daß die Erde ein Material ist, aus dem wir, wo nicht alles, so doch vieles in freier Schöpfung bilden können: eine Art Ton, der nur auf den plastischen Griff der menschlichen Hand und ihrer großen Werkzeuge wartet.") Diese Konzeption der Welt als Material begründet den historischen Bereich — wenn der Ausdruck erlaubt ist — der „Mittleren Technikzeit" oder des „Technischen Mittelalters" (und ist *nicht*, wie Freyer meint, auf Europa beschränkt). Die „technische Neuzeit" hingegen beginnt mit der Konzeption der Welt als Maschine, der Welt als Automat. Man sucht Funktionalzusammenhänge, naturgesetzliche Funktionen zwischen physikalischen Größen. Ändern sich die unabhängigen veränderlichen Größen, so ändert sich auch die abhängige. Damit ist ein hervorragendes Eingriffs- und Lenkungsmittel gegeben. Denn menschliche (technische) Lenkung einer Variablen zieht nun automatisch (naturgesetzlich) die gewünschte Veränderung der abhängigen Variablen innerhalb des künstlich geschaffenen Funktionalzusammenhangs (Maschine) nach sich. Das magische technische Gerät bannt, das traditionalistische technische Gerät formt, das rationale technische Gerät „funktioniert". Magische und rationale Technik lenken

---

[1]) Hans Freyer „Philosophie und Technik", 1927, 6.

nur, sie lassen möglichst die Natur für den Menschen arbeiten (die dämonischen Gewalten, die Energien, die chemischen Reaktionskräfte), während der technische Mensch der mittleren Zeit selbst mit Hand und Werkzeug das Material bearbeitet.

Stoffe, Kräfte, Energien *und* ihre Funktionalbeziehungen (Naturgesetze) sind für die Sacherzeugung gegeben, sie sind Material, aus dem das Sachwerk zu gestalten ist. Die Gestaltung selbst erfolgt mittels des Werkzeugs durch den werkschaffenden Menschen. Der Mensch gibt Zweck und Lösungsidee, er setzt ein seine geistigen, seelischen, sittlichen, schöpferischen, spielerischen und manuellen Kräfte. Das Werkzeug (die Werkzeugmaschine, die Fabrikationsmethode, die Apparatur, wissenschaftliche Hilfsgeräte, wissenschaftliche Methoden usw.) unterstützt oder führt selbst die niederen materiellen Gestaltungen aus. Es ist einerseits technisches Erzeugnis und andrerseit Hilfsmittel der Erzeugung. Es muß im Produktionsprozeß baumeisterlichen Gepräges der Mentalität des technischen Menschen angepaßt sein.

Aus dem Zusammenklang von Material, Werkzeug und werkschaffendem Menschen erwächst die werktätige, die baumeisterliche Arbeit zu einem sinnvollen und wesensechten Geschehen von sichbewährender Kraft und Geschicklichkeit, lösendem Rhythmus von Spannung und Entspannung, von Ichentfaltung und Werkgestaltung, kunstvolles Werk von Hand und Maschine und gedankenreiches Werk des Geistes. Diese menschliche Werkarbeit wandelt sich zwar gemäß der allgemeinen Verrationalisierung und gemäß der besonderen Tendenz der Automatentechnik immer mehr weg von der plastischen, greifbaren unmittelbaren Tat der Hände zur nur vorgestellten begreifbaren mittelbaren Tat des Geistes und büßt dadurch einen guten Teil ihrer ursprünglichen Frische und Anschaulichkeit ein. Gewiß setzt die bauende Tat am Zeichenbrett oder die synthetische Formelarbeit des technischen Chemikers noch viel plastisches Schauvermögen, materiale Kenntnis und Formbarkeitserfahrung voraus, aber körperliche Tat und körperliches Erleben fallen immer mehr aus. Das muß jedoch nicht notwendig so sein. Denn ist es nicht vielleicht schon für einen auf höchsten Ertrag zielenden Rationalismus unzweckmäßig, den Körper im Produktionsprozeß nicht ausschwingen und durcharbeiten zu lassen, um die unumgängliche körperliche Betätigung dann gesondert in Körpergymnastik, Sport und Wanderung nachzuholen? Erst recht aber dürfte eine technische Produktionsordnung den natürlichen Gleichklang von Hand und Geist nicht zerreißen.

Sobald Sachwerkzeugung über die primitivsten Formen hinauswächst, beruht sie auf Arbeitsteilung. Die Arbeitsteilung bestimmt in der Techniktheorie jedoch nicht den Tausch wie in der händlerischen Produktionstheorie, sondern sie bestimmt die *Zusammenarbeit*, die Kooporation. Sie hat also nicht eine vereinsamende, individualisierende Wirkung, sondern sie begründet den kollektiven Zusammenhang der Arbeitenden unabhängig von der Sozialbindung, die durch die dienenden technischen Erzeugnisse geschaffen wird. Diese kollektive Wesenstatsache technischer Erzeugung muß deshalb in der Produktionsordnung zu ihrem Recht kommen. Sämtliche Sachwerkerzeuger sind Produktionskameraden, ihre Arbeit ist Mitarbeit und nicht „Ware", Produktionsbetriebe sind Betriebe gemeinschaftlicher Arbeit und keine Arbeitsmärkte. Arbeits- und sozialrechtliche Institutionen, Fragen des Lohns und des Besitzrechtes, die Probleme der Führung (Vorgesetzte), müßten von der Zusammenarbeit her begründet werden. Da Arbeitsteilung nicht nur die Kooperation eines Betriebes, sondern die Zusammenarbeit ganzer Volkswirtschaften und der Weltwirtschaft fundiert, so kann auch die arbeitsgemeinschaftliche Struktur und Gesinnung nicht auf einen Betrieb („Werkgemeinschaft") beschränkt werden.

Der soziologische Erfüllungsort des Produktionsbetriebes ist die Werkstatt, die Baustelle, das Laboratorium und das Konstruktionsbüro, nicht aber der Kassenraum und die Buchhaltung. Die Richtung des Schaffensprozesses kann nicht von den Tauschwerten her bestimmt werden, sondern wird durch die Sachwerkerzeugung gegeben. Deshalb muß der maßgebliche Leiter einer echten technischen Produktion der Ingenieur sein und nicht der Unternehmer. Ein technischer Betrieb ist dann eine Leistungsgemeinschaft und keine Interessengemeinschaft. Ob nun die Zusammenarbeit patriarchalisch oder handwerklich-familiär oder kameradschaftlich zweckhaft geleitet wird, das ist eine Frage des rationalen und damit eines historischen Entwicklungszustandes.

c) Die Rationalität des technischen Menschen

Der technische Mensch will diejenigen technischen Dinge, die uns notwendig und gut und schön dünken, soviel als gefordert in Betrieben gemeinschaftlicher Arbeit möglichst gut und möglichst gern herstellen und lenken. Sobald der Maximalforderung „möglichst gut und möglichst gern" bewußt nachgegangen wird, entsteht technische Rationalität. Diese will wie jede Rationalität bewußte Zweckmäßigkeit aller Maßnahmen, Methodik ist ihr Mittel, Ökonomie ihr Ziel. Sie empfängt wie jede Rationalität ihr wesenseigentümliches Gepräge durch das Ziel, dem sie dient; denn rational ist etwas nie schlechthin, sondern stets nur in Hinsicht auf ein bestimmtes Ziel.

Da das Ziel des kapitalistischen und das des technischen Menschen verschieden sind, so müssen sie auch verschiedene Rationalitäten haben und damit verschiedene Ökonomiken und Methodiken anwenden. Ist das Ziel qualitativ (möglichst gut, gern, schön, wahr, bedeutend, heilig usw.), so ist Kalkulation unmöglich. Der kapitalistische Mensch hat ein quantitatives Lebensziel, er will möglichst großen Geldgewinn. Der technische Mensch hingegen hat ein qualitatives Ziel, er will Sachwerke möglichst gut und möglichst gern herstellen. Demgemäß zielt die Rationalität des technischen Menschen letzten Endes nicht auf kalkulatorische Größen, obwohl sie sich *kalkulatorischer Hilfsmittel* bedient.

Diese werden den *Natur*wissenschaften oder den *Wirtschafts*wissenschaften entnommen, es wird mit naturwissenschaftlichen Einheiten oder mit Geldeinheiten operiert. (Daher kommt auch zum Teil der Irrtum, daß Technik angewandte Naturwissenschaft zu wirtschaftlichen Zwecken sei.) Eigentliche „technische" Einheiten gibt es gar nicht, wie es auch keine ethischen oder ästhetischen oder religiösen Einheiten gibt. Denn Einheiten wie 1 PS, 1 kWh, spezifische Wasserturbinendrehzahl, technische Maße u. a. sind lediglich den technischen Bedürfnissen angepaßte „naturale" Einheiten. Auch die technischen Wirkungsgrade umfassen nur „naturale" Seiten des technischen Erfolgs, auch sie sind nur Hilfsmittel und niemals Ziele technischer Ökonomik.

Solche *technischen Erfolgsgrade sind stets kleiner als Eins.* Das Verhältnis der ausgebrachten Materialmenge zur eingebrachten Menge (chemische Ausbeute), das Verhältnis des Fertigmaterials zum Rohmaterial, der Nutzlast zur Gesamtlast u. a. müßte natural wegen des Lavoisier'schen Massenerhaltungsgesetzes gleich Eins sein, wegen der unvermeidlichen Verluste (Abfälle, Reste, tote Last, Verflüchtigungen u. a.) ist jedoch der Materialnutzungsgrad stets kleiner als Eins. Das Verhältnis der nutzbar gemachten Energie zur aufgewandten Energie müßte natural nach dem Gesetz von der Erhaltung der Energie ebenfalls gleich Eins sein. Da auch hier Verluste unvermeidlich sind (Verlust an Treibmitteln, Wärmestrahlung, Abwärme, Reibung, Reglung, Umformung, Leitung u. a.), so ist der Energiewirkungsgrad notwendig kleiner als Eins. Das Gleiche gilt vom Zeitnutzungsgrad oder Belastungsgrad, dem Verhältnis der wirklichen Nutzungszeit zur abgelaufenen Gesamtzeit. Die Nutzungszeit ist wegen der notwendigen Stillstände stets kleiner als die Gesamtzeit (Spitzen, Reserven, Verkehrsintensität, Reparaturen, Zukunftsreserven, Rückläufe, Vorbereitungen u. a. mehr).

Die Wirkungsgrade des Materials, der Energie und der Zeit sind also stets kleiner als Eins. Naturwissenschaftlich gesehen ist Technik stets U n t e r schußwirtschaft, stets Defizitbetrieb. Aber das wäre ein falscher Gesichtspunkt, denn Technik zielt nicht absolut auf maximale Materialmenge, noch auf maximale Energiemenge, noch auf maximale Nutzungszeit, sie zielt nicht einmal absolut auf das Optimum von Material und Energie und Zeit. Während die Geldbilanz dem kapitalistischen Menschen den tatsächlichen Erfolg aufweist, sagt die Material-Energie-Zeitbilanz nichts über den endgültigen technischen Erfolg aus. Eine Maschine von sehr hohem Energiewirkungsgrad kann eine technische Fehllösung sein, weil sie zu schwer oder zu teuer oder zu betriebsunsicher ist oder weil der Betriebsstoff zu teuer ist (ein Grundlast-Dieselwerk beispielsweise ist trotz 38% Wirkungsgrad einem Grundlastdampfwerk von 22% Wirkungsgrad unterlegen oder ein Wasserkraftwerk von 85% Wirkungsgrad ist oft einem Dampfkraftwerk von 20%

Wirkungsgrad unterlegen). Eine leichte Maschine oder Apparatur kann zu hohen Verschleiß haben (z. B. schnellaufender Automotor gegen langsamlaufenden). Ein Laufkraftwasserwerk von hohem Belastungsgrad kann eine Fehlanlage sein, weil es für die Minimalwassermenge gebaut wurde, und so die verfügbare Energie und die von der Leitungsgröße unabhängigen Bauten (Staumauern, Schleusen usw.) nicht genügend ausnützt. Eine für den momentanen Anspruch genügende Verkehrseinrichtung oder chemische Apparatur ergibt zwar einen maximalen Belastungsgrad, kann aber in der nächsten Zukunft Neubauten und Erweiterungen erfordern, die die Anlage zur Fehlleistung machen.

Die technischen Erfolgsgrade dürfen also nie isoliert angewendet oder betrachtet werden, sie sind lediglich relative Maßstäbe. Sie bedingen *neben* vielen anderen Gesichtspunkten die *Ökonomik des Materials* (exakte Dimensionierung, Abfallverminderung und -Nutzung, Anti-Raubbau, Erhöhung der spezifischen Maschinenleistungen, Verminderung des Gewichts pro Leistungseinheit, Grenzturbinen, Erhöhung der Drehzahlen und Kolbengeschwindigkeiten und chemischen Durchsatzzeiten usw.), die *Ökonomik der Energie* (Energie- und Wärmewirtschaft, Kopplung von Kraft- und Wärmebetrieb in Gegendruck- und Anzapfturbinen und in gemischten und parallel geschalteten Werken, Verbesserung der Verfahren der Energie-Erzeugung und -Leitung und -Umformung, Aufbereitung und Veredlung der Brennstoffe, u. a. mehr) und die *Ökonomik der Zeit* (Erhöhung der Geschwindigkeiten, Spitzenausgleich, Umwandlung schwingender Prozesse in rotierende und organischer und anorganische, Mehrschichten, u. a. mehr).

Außerdem deuten die *naturalen Wirkungsgrade* dem technischen Menschen die *natürlichen Grenzen seines Schaffens* an, da ja jeder Wirkungsgrad höchstens gleich Eins werden kann. Der technische Mensch muß demnach die vollkommene Maschine anstreben, er nähert sich asymptotisch einer idealen Endlösung, er strebt nach Vollendung. Der technische Mensch sieht mindestens in der naturalen Seite seines Schaffens eine exakte, angebbare Grenze. Aber auch die Möglichkeit neuer Lösungsideen ist nicht unbegrenzt, auch hier nähert man sich immer mehr der idealtechnischen Lösung und damit der Grenze, zu-

100

mindest aber liegt dem technischen erfinderischen und konstruktiven Schaffen die I d e e der vollkommenen Lösung zugrunde.
Und die Idee ist entscheidend für die seelische Analyse. Die
Idee des kapitalistischen Menschen ist der unbegrenzte Erwerb
mittels Kapital, so sehr die praktischen Möglichkeiten immer
begrenzt sein mögen. Die Idee des technischen Menschen ist die
vollendete technische Lösung, so sehr die Lösungsmöglichkeiten
auch unbegrenzt erscheinen mögen. Deshalb ist der kapitalistische Mensch in seinem Gewinnstreben der Potenz nach
unbegrenzt und muß so in seinem Streben maßlos, dynamisch,
unbeherrscht, hemmungslos, ungebunden, unersättlich, ewig
unruhig und ewig unternehmend sein, weil er nie zum Ende
kommen kann, nie eine volle Endung, eine Vollendung ihm
Halt gebietet. Deshalb ist der technische Mensch in seinem
Schaffen begrenzt und muß daher sein: planend und nicht
spekulativ, überlegend und nicht wagend, konstruktiv und
nicht anarchisch, sondern beherrscht, planvoll, maßvoll, ent-
werfend, statisch, ruhig und zielhaft. Er ist kein faustischer
Typ, und Goethe läßt durchaus zu Recht seinen Faust sich
bescheiden zum Bauingenieur.

Der rationalistische Quotient des kapitalistischen Menschen
muß größer als Eins .ein. Das bedingte die Unberechenbarkeit
des Zählers und forderte als bewußte Zweckmäßigkeit in
Richtung des geldwerten Ergebnisses grundsätzlich hohe
Chancen, und somit ein unberechenbares und unbeherrschtes
Wirtschaftssystem, Abenteuerlust, Spekulation, Kampf, Zupacken, Findigkeit, Instinkt und Glück, kurz Planlosigkeit
innerhalb derjenigen Ebene, in der das Ergebnis realisiert
wurde. Die Rationalität des technischen Menschen zielt auf
die vollkommene Lösung, und das ist Beherrschung und Planung
auch des technischen Erfolges und nicht nur der Mittel. Das
fordert ein gesetzbeherrschtes Leben, konstruktiven Gesamt-
willen, nicht Glück und Zufall und Spekulation, sondern
Planung und Standard und Typ und Norm. Das bedingt
optimistische Beurteilung und Heiterkeit und Klarheit gegenüber dem Gesamtleben und den Glauben an die Gestaltungs-
möglichkeit dieses Lebens. *Der technische Mensch* ist daher nicht
nur Rationalist der Mittel wie der kapitalistische Mensch, sondern er ist *Rationalist von Weltanschauung.* Das heißt, er

glaubt grundsätzlich an eine Gestaltung des Lebens und der Welt durch den Geist und den geistgelenkten Willen, er glaubt an die Ordnungsmöglichkeit des Gesamtlebens und setzt Ordnung gegen Kampf, Gerechtigkeit gegen Konkurrenz, Gesetz gegen Glück, Geist gegen Natur, Norm gegen Willkür, Züchtung gegen natürliche Auslese, Maschine gegen Naturablauf. Er hält die gegebene Welt nicht für die beste aller möglichen Welten, aber er glaubt, daß man sie zur bestmöglichen umformen kann (Europäische Technik), oder daß man sie doch mit behutsamer Hand und mit ihren eigenen Mitteln vorsichtig und einfühlend zu korrigieren habe (Chinesische Technik). Auch der europäische technische Mensch bekämpft nirgends die Natur — das ist eine unsinnige und widersinnige Vorstellung —, auch er muß sich in sie einfühlen, sie kommt auch ihm mit reichsten Gaben und Hilfsmitteln und Bereitschaft entgegen. Sie ist niemals sein Feind, und selbst wo sie mit Katastrophen sein Werk bedroht, ist sie nur ohne Geist und ohne Einsicht, aber nie feindlich oder gehässig. Aber der technische Mensch verharrt nicht in demütiger oder begeisterter Verehrung angesichts der Natur, sie ist ihm keine pantheistische Gottheit und nicht oberstes Gesetz des Lebens, sondern sie erscheint ihm der Ergänzung bedürftig durch den Geist und den geistgelenkten Willen. Sie ist eine Aufgabe, eine zu ergänzende, eine zu vervollkommnende Schöpfungsaufgabe. Sie ist unvernünftig. Deshalb baut er in sie die Vernunft ein. Der baumeisterliche Mensch benutzt daher den Geist nicht nur zweckhaft, er bringt auch über die rationalistische Verwendung hinaus noch die Würde, Hoheit und Harmonie des Geistes zur Eigengeltung, indem er den Geist in die Natur einbaut, ihn in Maschinen und Brücken klar und eindringlich manifestiert. Eine Turbine z. B. verkörpert die Gesetzlichkeit des Geistes und den zeitlosen Funktionalzusammenhang der Natur, wie auch das Kreisen immaterieller kosmischer Energien und die innere Spannungsordnung des Stahls. In sie ragen also Kategorien des Geistes, der menschlichen Vernunft und menschlicher Zielsetzung, der Natur und kosmischer Energie hinein.

Nachdem so der Ratio der gebührende Platz innerhalb des technischen Sachwerkschaffens angewiesen ist, muß nochmals auf die nur mittelhafte Verwendung der Ratio zurück-

102

gegangen werden. Die rationalistische technische Kontrolle mittels der Wirkungsgrade ergab lediglich relative Erfolgmaßstäbe. Gelänge die rechnerische Zusammenfassung der Ökonomiken des Materials, der Energie und der Zeit, so wäre damit zwar ein besserer Maßstab gewonnen, aber doch noch kein absoluter technischer Erfolgsgrad gegeben; denn es bleiben noch unberücksichtigt die Qualitäten von Material, Energie und Zeit, die Sicherheiten usw., und der menschliche Einsatz an Freude, Ehre, Moral, Gesundheit, ästhetischem und religiösem Willen usf. Aber schon die Verknüpfung von Material- und Energie- und Zeitökonomik ist rechnerisch unmöglich. Denn es gibt keinen naturalen oder technischen Generalnenner für die Mengen von Material und Energie und Zeit. Hier bieten sich nun wirtschaftliche Bezugseinheiten, die eine Lösung scheinbar in Aussicht stellen, wie folgt an.

Dem technischen Zwang zur Materialökonomik entspricht der wirtschaftliche Zwang der kleinsten Materialkosten, der kleinsten Kapitalanlage und der kleinsten Abschreibung; dem technischen Zwang zur Energieökonomik entspricht der wirtschaftliche Zwang der kleinsten Energiekosten; dem technischen Zwang zur Zeitökonomik entspricht der wirtschaftliche Zwang des größtmöglichen Kapitalumsatzes und des kleinsten Zinsdienstes pro Wareneinheit; dem technischen Zwang zum kleinsten menschlichen Arbeitsaufwand entspricht der wirtschaftliche Zwang der kleinsten Lohnkosten. Technische Ökonomik hat also ihre wirtschaftlichen Entsprechungen. In der kapitalistischen Produktion gipfeln die einzelnen ökonomischen Forderungen in der Gesamtforderung der niedrigsten Gesamtkosten, des niedrigsten Gesamtpreises also und der höchsten Gewinnchance. Alles wird auf den Hauptnenner „Geld" bezogen, und was nicht in Geld ausdrückbar ist, ist für die Bilanz irrelevant. Maximaler Gelderwerb kann nicht das Ziel des technischen Menschen sein, und so kann auch die technische Ökonomik nicht auf höchste Gewinnchancen zielen. Jedoch wäre es denkbar, daß die niedrigsten Gesamtkosten auch einen Maßstab für den technischen Erfolg lieferten; denn minimale Kosten müssen nicht notwendig höchstem Gelderwerb dienen. Die Chance, am Geld einen technischen Universalmaßstab zu gewinnen, scheint umso verführerischer, als ja außer den Mengen von Material, Energie und Zeit auch deren Qualitäten und die anderen Produktionsfaktoren, wie die menschliche Arbeit (Lohn, Gehalt), die Sicherheit der Anlage (Versicherungskosten), die technische Idee (Lizenzkosten, Laboratoriumskosten usw.), ja selbst die Schönheit des Werkes (höhere Preisfähigkeit) einen Geldwert erhalten. Nur die Analyse der Bildung des Geldwertes, der Bildung des Preises kann über die Möglichkeit einer solchen Geldökonomik Einsichten und Entscheide verschaffen. Damit gerät man in ein zentrales Problem der Wirtschaftswissenschaft, in die wirtschaftswissenschaftliche Werttheorie.

Für unsere Zwecke genügen einige allgemeine Feststellungen. Quesnay's physiokratische Vorstellung von der allgemeinen Fruchtbarkeit der Urerzeugung (Landwirtschaft) beschränkt die Wertbildung auf die Stoffmengenproduktion und entspricht einer isolierten und darum falschen technischen Materialökonomik. Die Theorie, nach der der Arbeitslohn die verausgabte Arbeitskraft (Lebensunterhalt) ersetzt (Ricardo, Lassalle) und die erforderliche Arbeitsmenge den Tauschwert bestimmt, entspricht in ihrer physiologischen Energieersatzvorstellung einer isolierten und darum falschen technischen Energieökonomik. Die Anschauung von Ricardo, Marx und anderen, die den Wert gleich der notwendigen Arbeitszeit setzen, entspricht einer isolierten und darum falschen technischen Zeitökonomik. Die objektiven Kostenwerttheorien versuchen also, den wirtschaftlichen Wert auf die naturalen Einheiten der Stoffmenge oder der Energiemenge oder der Zeitmenge zurückzuführen. Gegen sie gelten somit — ganz abgesehen von wirtschaftstheoretischen Argumenten — alle Einwände, die gegen die isolierten naturalen technischen Ökonomiken vorgebracht wurden. Ebenfalls von technischen Vorstellungen geht O. Spann's Lehre von der „Gleichwichtigkeit" aus, nach der „die Preise den Gütern nach Maßgabe der Ausgliederungsordnung der Wirtschaft" anhaften. „Die Ausgliederung der Erzeugungsmittel bestimmt die Gliederung der erzeugten Güter und insofern diese schon ‚Verteilung' ist, die Verteilung; die Verteilung bestimmt den Preis. . . Das Erste ist der Gliederbau der Mittel, das abgeleitete der Preis." [1]

[1] Othmar Spann „Gleichwichtigkeit gegen Grenznutzen", 1925, 325—326.

Nach Spann würde also die technische Ausgliederungsordnung der Produktion den Preis bestimmen, das Produktionsgefüge selbst müßte demnach unabhängig von den Preisen zu entwickeln sein. Wie das möglich sei, ist ja gerade unser Problem. Eine natural begründete technische Ökonomik und damit ein natural begründeter „Gliederbau der Mittel" ist aber — wie wir sahen — unmöglich. Auch Spann kann solchen wirtschaftlich unabhängigen technischen Gliederbau nicht analysieren, er gibt nur einige Andeutungen, daß beispielsweise Hütten- und Walzwerke und Fertigindustrie in bestimmten Proportionen zueinander stehen müßten, notwendigerweise technisch stehen müßten. Aber diese Proportionen lassen sich rein technisch garnicht bestimmen, wenn man sie nicht nur als Verhältnisse der Erzeugungs m e n g e n auffaßt, was aber als isolierte technische Materialmengenökonomik falsch wäre und rein technisch auch nicht möglich ist. Hütten- und Walzwerk müssen zwar so abgestimmt sein, daß die Walzwerke und Gießereien die erzeugte Roheisenmenge verarbeiten können, aber daraus folgt nur recht wenig über die Art der Verarbeitung. Soll in wenigen großen, relativ teuren Öfen, die wenig Lohn erfordern, oder in vielen kleinen, relativ billigen Öfen, die viel Lohn brauchen, verhüttet werden? Was ist ökonomischer? Soll die Dampfmaschine mit kleinem oder großem Füllungsgrad gebaut werden, also wenig Energiekosten, aber hohe Kapitalkosten übernehmen, und umgekehrt? Soll die chemische Apparatur automatisch mit hohem Material- und hohem Energiewirkungsgrad, aber hohen Kapitalkosten und geringer Anpassungsfähigkeit an Produktionseinschränkungen arbeiten oder nicht? Soll die elektrische Stromversorgung in Großzentralen mit niedrigen Kapital- und Bedienungskosten, aber sehr schlechter Abwärmenutzung erfolgen oder in Blockwerken? Soll die Energie elektrisch (hohe Kapitalkosten, geringe Löhne, schlechte Energienutzung, gute Belastung) oder als Kohle per Achse transportiert werden? Soll man Dampfkraftwerke (kleine Kapitalkosten, hohe Treibmittelkosten) oder Wasserkraftwerke (hohe Kapitalkosten, keine Treibmittelkosten) bauen?

Die Beantwortung solcher Fragen technischer Ökonomik und damit die Produktionsordnung hängt auch von den Preisen ab. Denn in einem ausgeglichenen statischen Wirtschaftszustand, in dem also Angebot und Nachfrage abgestimmt sind, sind die Preise gleich den geringsten Selbstkosten. Die Selbstkosten lassen sich rückführen auf die Verteilung der Einkommen in Löhne, Zinsen, Renten, Gewinne, Steuern usw. Die verhältnismäßigen Höhen zwischen den Einkommensarten sind historisch gegeben durch das historische Wirtschaftssystem und außerwirtschaftliche historische Faktoren. Ferner hängen die Selbstkosten ab von dem Stand der technischen und kaufmännischen Verfahren, die aber wiederum beeinflußt sind von der Verhältnismäßigkeit der Einkommensarten. Die Selbstkosten der PS-Stunde (1 PSh) beispielsweise sind wesentlich gegeben bei einem Dampfwerk durch die Brennstoff- und Kapitalkosten, bei einem Wasserwerk durch die Kapitalkosten. Die ökonomische Entscheidung ist somit bei festliegenden Herstellungsverfahren abhängig vom Verhältnis der Lohnhöhen zur Zinshöhe. Ebenso ist die Wahl der Herstellungsverfahren durch sie bedingt. Das gilt allgemein und auch für Konsumgüter. Vergleich von technischen Lösungsmöglichkeiten, deren nicht in Geld ausdrückbare Faktoren und deren technische Qualität gleich sind, an Hand der Geldkosten ergäbe einen richtigen Maßstab, wenn die vorgegebene Einkommenverteilung richtig wäre. Diese ist jedoch nicht mehr ökonomisch errechenbar, sie ist keine Frage der Richtigkeit, sondern der Gerechtigkeit und damit des Wirtschaftssystems. Das heißt aber: *Eine selbständige technische chrematistische (geldmäßige) Ökonomik ist nur innerhalb eines technischen Wirtschaftssystems möglich.* Sie wäre zwar ein hervorragendes Hilfsmittel technischer Ökonomik, aber sie könnte die nicht in Geld ausdrückbaren Faktoren nicht berücksichtigen. Auch sie ergäbe nur einen relativen technischen Erfolgsmaßstab.

Zusammenfassend ist festzustellen, daß schon der technische Erfolg, der nur die quantitativen Seiten der Sachwerkerzeugung umfaßt, weder naturwissenschaftlich noch geldmäßig errechenbar ist. Die Sachwerkerzeugung findet weder in den Gesetzen der doppelten Buchhaltung noch in dem Gesetz von der Konstanz der Energien und Massen ihren adäquaten Ausdruck. Noch viel weniger läßt sich der gesamte technische Erfolg errechnen, der auch die dem technischen Menschen wesentlichsten Faktoren der Gestaltungs- und Schaffenswerte,

106

der baumeisterlichen Tat, der *gemeinsamen* Werktat, der Größe und Schönheit und Würde des Werks und der Werkschaffenden usw. begreift. Quantitative rationalistische Verfahren können dem technischen Menschen nur *Hilfs*mittel sein. Seine letzte Rationalität muß wie bei allen höheren Zielsetzungen des Lebens auf Qualitäten gehen und deshalb unberechenbar sein. Der Fall des kapitalistischen Menschen, dessen Lebensziel ein rein zahlenmäßiges, ein möglichst großer Geldzahl-Überschuß ist, und bei dem sich somit das rationalistische Rechenverfahren mit dem tatsächlichen Endziel deckt, dieser Fall ist durchaus einzigartig und nur bei einem extrem einseitigen und extrem abgeleiteten Ziel, einem unechten Ziel, somit möglich.

d) Die Wirtschaft des technischen Menschen

Unter Wirtschaft wird hier wie immer das Zusammenspiel von Erzeugung, Verteilung und Verzehr verstanden. Alle Lebensgebiete sind in den wirtschaftlichen Kreislauf eingeflochten. So gehen auch die technischen Sachwerke und technischen Dienstleistungen in den wirtschaftlichen Kreislauf ein, aber sie ragen nur mit einem Teil ihres Wesens in den wirtschaftlichen Bereich hinab. Ebenso ist der Verzehr auch außerhalb des wirtschaftlichen Prozesses ein sinnvoller Lebensbereich, auch er ragt nur mit einer Seite in den wirtschaftlichen Umlauf ein. Die Verteilung der Güter dagegen ist nur dort sinnvoll, wo verteilt werden muß, ihr wesenseigentümliches Gebiet ist das Zusammenbringen von Erzeugung und Verzehr, und somit eigentlich eine dienende Aufgabe. Deshalb müssen innerhalb der Wirtschaft die nichtwirtschaftlichen Seiten von Produktion und Konsum *volle* Rücksicht finden, denn ihretwegen wird ja ursprünglich Wirtschaft betrieben und nicht aus Lust am Verteilen um des Verteilens willen oder um des abstrakten Gelderwerbs willen.

Die Verzerrung der wahrhaften Erzeuger- und Verzehrerabsichten in der kapitalistischen Wirtschaft wurde schon bei deren Darstellung analysiert, ebenso wurde schon die Produktion an sich (ohne wirtschaftliche Ausstrahlungen) und die

Rationalität der Produktion (ökonomische Probleme) behandelt. Hier ist nunmehr die Wirtschaft des technischen Menschen zu entwickeln, es ist also zu zeigen, wie von technisch baumeisterlicher Gesinnung und Gesittung aus 1. Verteilung und Verzehr beschaffen *sein sollte* und wie 2. das Zusammenspiel von Erzeugung, Verteilung und Verzehr vor sich gehen *sollte*. Auf die allgemeine Darstellung historischer technischer Wirtschaftssysteme oder historischer Ansätze zu solchen Systemen wird dabei verzichtet.

Der technische Mensch kann wesensnotwendig der *Verteilung* um der Verteilung willen oder um des Erwerbs willen nicht zustimmen. Er kann ihr nur verteilungstechnische Bedeutung zumessen. Handel, Unternehmen, Geschäft, Börse und Bank haben für ihr nur als verteilungstechnische Veranstaltungen (für Waren, Arbeit, Kapital, Geld) Sinn und Bedeutung. Der technische Mensch will Sachwerke herstellen zu menschlichen Diensten, aller Sinn liegt für ihn primär im Werkschaffen selbst und sekundär in den zu leistenden Diensten. Die Verteilung ist dabei für ihn nur ein Zwischenglied, ein „Ausgliederungsgelenk" [1]), dem er niemals Autarkie zusprechen kann. Da der technische Mensch grundsätzlich auf Gestaltung und damit Lenkung des Lebens zielt, so will er auch innerhalb des gesamtwirtschaftlichen Ablaufes Voraussicht, Planung und Konstruktion, sodaß Absatznot und damit Einsetzen der kaufmännisch-händlerischen Beredsamkeit und Findigkeit unnötig werden.

Für den technischen Menschen ist Verteilung nur als dienende Verteilungs*technik* sinnvoll. Sie müßte daher auch in technischem Geiste betrieben werden. „Der Marktverkehr besteht lediglich in der Übereignung der Erzeugnisse an den Konsumenten", formuliert Henry Ford [2]) exemplarisch. Die technische Verteilung hätte sich mit Sachwerken statt mit Waren zu befassen, d. h. statt Reklame, Überredung, Suggestion usw. den Käufer technologisch sachlich zu beraten, an den bestzuständigen Produzenten zu verweisen (statt Aufträge auf jeden Fall hereinzunehmen), die Verteilungstechnik ingenieurmäßig zu rationalisieren und zu stabilisieren usf. Der technische

---

[1]) Othmar Spann „Gleichwichtigkeit gegen Grenznutzen", 1925,
[2]) Henry Ford „Das große Heute, das große Morgen", 1926.

Mensch wird reine Handels- und Unternehmungs*gewinne* nicht als wirklichen Gewinn anerkennen, nicht als schöpferische Leistung, sondern nur als eine Besitzverschiebung und damit als Störung des Wirtschaftsablaufes. Der Kaufmann ist nur soweit produktiv und seine Arbeit nur soweit fruchtbar, als er Verteilungstechniker ist. Als solcher ist er *gleich*wichtig mit allen Sachwerkschaffenden, er ist aber nicht mehrwichtig und hat daher keinen besonderen Anspruch auf Leitung und Mehreinkommen.

Der *Verzehr* (Konsum) umfaßt alle Bedürfnisse einer Kultur. Der Vollzug dieser Bedürfnisse ist der Vollzug des Lebens mit aller Vielfalt seiner Bewegungen und Strebungen, er ist gelebte und erlebte Kultur. Verzehr ist also viel mehr als eine bloß wirtschaftliche Tatsache. Nur die Anmeldung der Bedürfnisse an den Wirtschaftskreislauf und die mit dem Vollzug des Konsums eintretende Güter- und Dienstevernichtung, weil sie eben neue Bedarfsanmeldung hervorruft, begründen die wirtschaftliche Dimension des Konsums. Die Auswahl zwischen den Bedürfnissen ist eine Frage der Ökonomik und nur soweit sie in wirtschaftlichen Einheiten vor sich geht, eine Frage der wirtschaftlichen Ökonomik. Eine Wirtschaft, die maßgeblich durch den Konsum bestimmt ist, heißt Konsum- oder Bedarfswirtschaft. Die übliche Auffassung der Bedarfswirtschaft deckt diese nicht mit der technischen Wirtschaft. Sie sieht die technische Erzeugung nur als dienendes Glied des Konsums und zwar so, daß die geforderten Güter und Leistungen lediglich in Hinsicht auf die Konsumzwecke hergestellt werden, daß also die im Produzieren selbst liegenden Erlebniswerte nicht zu ihrem Recht kommen. Der technische Mensch wird dabei getrennt in einen während der Arbeit produzierenden und einen außerhalb der Arbeit konsumierenden. Die innere Produktionsgesinnung und -ordnung könnte in der Bedarfswirtschaft üblicher Fassung genau so sein wie in der kapitalistischen Erwerbswirtschaft, sodaß auch in der Bedarfswirtschaft der technische Mensch sich nicht entfalten könnte. Erkennt man dagegen den Gestaltungs- und Schaffensdrang des technischen Menschen und das Recht zur Verwirklichung baumeisterlichen Auswirkens innerhalb der Produktion als echtes und wahres Bedürfnis an, so erhält man eine Bedarfswirtschaft höherer Art, die sich dann mit dem Begriff der technischen Wirtschaft deckt.

Der Konsum in üblicher Auffassung, also außerhalb der Produktion, erfüllt sich dann in technischem Geiste, wenn er die tatsächlichen Dienstwerte der Güter und Leistungen verzehrt. Technischer Konsum ist notwendig dasselbe wie echter Konsum, denn der technische Mensch gestaltet seine Sachwerke und Sachleistungen in erster Hinsicht auf ihren Dienstwert hin. Das Flugzeug soll fliegen und dann bequem und sicher fliegen und dann erst schließlich auch möglichst billig fliegen. Das pharmazeutische chemische Heilmittel soll vor allem heilen und dann erst möglichst billig sein. Die Lichtanlage soll Licht geben und dann auch gutes und bequemes und sicheres und zuverlässiges Licht geben und dann erst möglichst billiges Licht geben. Aber weder Flugzeug, noch Heilmittel, noch Licht werden vom technischen Menschen geschaffen, um mit und an ihnen möglichst viel Geld zu erwerben. Technisches Schaffen geht in seinen nach Außen gerichteten Zielen stets zuerst auf Dienstwerte, also auf Qualitäten, auf gütehafte Werke, und dann erst auf quantitative größenhafte Leistungen. Technische Ökonomik ist immer sekundär. Auch der wahre Konsument kauft in erster Linie die Qualität, den Genuß und den Gehalt und erst sekundär die Menge. Dem technischen Menschen bedeutet das „Gut" etwas Gutes und Schönes und Großes, und nicht ein Kapital, eine Geldsumme. Auch der wahre Konsument sieht im Gut etwas Gutes und Geschenktes und Schönes und Beglückendes, und nicht im Konsumtivgut eine Einbuße an Geld oder im Produktivgut eine Erwerbsmöglichkeit. Der technologische Dienstwert (Heizwert, Nährwert, Wohnwert, Heilwert usw.) begründet auch den Genußwert und ist mit dem wirtschaftlichen Wert (dem Preis) völlig inkommensurabel. Der echte Produkteur kennt nur Werke, der echte Konsument nur Güter, der echte Händler nur Waren. Der technische Mensch sieht als Konsument auf die Dienstwerte der Güter, deshalb unterliegt er nicht der Suggestion der Zugabe, Reklame, Aufmachung, des Ersatzes und Talmi und den Lockungen des Preises. Sondern er will den Sachwert erkennen, nach ihm schätzen und entscheiden, sodaß der technische Dienstwert als maßgebliches Kriterium die Produktion und die Verteilung und den Konsum durchzieht. So berührt sich technologischer beratender Vertrieb mit technologisch würdigendem Verzehr, schafft die ingenieurmäßige Fixierung der Qualitäten (Lieferungsbedingungen und -Garantien, Normungen und Typisierungen, chemische Wertanalyse und die „handelsüblichen" Normen u. a.) und wird auch die Mode zu überwinden suchen.

Im Konsum melden sich die Bedürfnisse einer Kultur an. Die Art der Bedürfnisse ist eine Folge der kulturellen Ziele und Absichten. Kommt der technische Mensch zur Entfaltung, so wird er auch die gesamte Kultur beeinflussen oder sogar — zumal die Zahl der Werkschaffenden sehr groß ist — maßgeblich gestalten. Das muß dann wieder auf den Konsum zurückwirken. Die Arten der verlangten Güter werden sich ändern, und der konsumtive Akt wird nicht nur sachlicher auf den Dienstwert gehen, sondern auch im konsumtiven Akt die spezifischen technischen Erlebnisse und Werte zu erfüllen suchen. Er wird neben dem eigentlichen Dienstwert die im Erzeugnis lebende Kraft und Klarheit seiner Erzeugung, seine spezifische Schönheit, seine soziale Dienst- und Pflichtwilligkeit usf. nochmals erleben. Er wird sich an ihm begeistern, beschwingen lassen, heiter werden, Größe und Ehrfurcht fühlen und ihn hoch über das armselige Lust-Unlust-Geschäft des konsumierenden kapitalistischen Menschen erheben. Denn, so sagt Robert Weyrauch, „Technik kann uns hinausführen über die enge Auffassung des bisherigen Wirtschaftsbegriffes zu einer höheren Kulturstufe, auf der in jedem Begriff nicht nur der Augenblickserfolg des wirtschaftlichen Gewinns und Kapitalaufwand, sondern auch der an Menschenkräften, ja sogar auf ethisches Gebiet hinübergreifend, der Aufwand und der Gewinn an Menschenglück mitgewertet wird."[1]

Erzeugung, Verteilung und Verzehr begründen in ihrem Zusammenspiel den wirtschaftlichen Kreislauf, das Wirtschaftssystem. Die technische Erzeugung, technische Verteilung und der technische Verzehr begründen den *Kreislauf der technischen Wirtschaft*. Wirtschaft wird infolge der Arbeitsteilung notwendig. Die Arbeitsteilung begründet für den technischen Menschen *die wirtschaftliche Grundtatsache der Zusammen-*

---

[1] Robert Weyrauch „Die Technik, ihr Wesen und ihre Beziehungen zu anderen Lebensgebieten", 1922, 239.

arbeit, denn nur bei Zusammenarbeit ist Arbeitsteilung möglich. Dem kapitalistischen Menschen dagegen begründet die Arbeitsteilung die isolierten Einzelarbeiten, die dann im Tausch ihre Erzeugnisse auswechseln. Diese kapitalistische Auffassung setzt somit einen individualistischen Wirtschaftsbegriff, sie muß ihn notwendig setzen, weil nur einander fremd gegenüberstehende Einzelmenschen Gewinne machen können. Mit dem Freund oder Kamerad oder Mitarbeiter oder Volksgenossen macht man keine Geschäfte, ihn übervorteilt man nicht. Der technische Mensch setzt dagegen in der technischen und wirtschaftlichen Grundtatsache der Zusammenarbeit einen universalistischen, *vergemeinsamenden Wirtschaftsbegriff;* er muß ihn wesensnotwendig setzen, denn im technischen Sachwerkschaffen ist Arbeitsteilung notwendig Zusammenarbeit. Die Vorstellung, daß die Mitarbeiter eines Betriebes gegenseitig Arbeit gegen Geld oder Gußstücke gegen Schmiedeteile oder Fertigteile tauschen, ist wesenswidrig und ebenso absurd wie die Vorstellung, daß die Kraftmaschinen mit den Werkzeugmaschinen tauschten, während sie doch schlicht zusammenarbeiten.

Arbeitsteilung ist eine vorüberlegte, geplante Maßnahme, deren Ineinandergreifen vorausgedacht werden muß. Arbeitsteilung und damit Wirtschaft ist also für den technischen Menschenschen eine konstruktive, vom Menschen aus zu lenkende Maßnahme. Für den kapitalistischen Menschen dagegen ist sie ein naturgesetztes Faktum und mit ihr ebenso der Tausch. Wirtschaft ist für den kapitalistischen Menschen ein naturgesetzlicher Mechanismus, für den technischen Menschen dagegen ein menschgesetzter Maschinismus. Die kapitalistische Grundhaltung gegen die Gesamtwirtschaft ist demgemäß passivistisch und pessimistisch und liberalistisch und anarchisch, die des technischen Menschen hingegen wesensgemäß aktivistisch und optimistisch und konstruktiv. Wirtschaft ist ihm nicht Schicksal, sondern eine Aufgabe. Wirtschaftslehre ist ihm keine Naturwissenschaft unabänderlicher Wirtschaftsgesetze, sondern eine Gestaltungswissenschaft kombinierbarer wirtschaftlicher Elemente. Die technische Wirtschaftslehre setzt Wirtschaftszwecke und untersucht die zu ihrer Erreichung möglichen wirtschaftlichen Konstruktionen. Und die Alternative, die

Julius Hirsch stellt [1]), ist durchaus die zwischen kapitalistischer und technischer Wirtschaftsauffassung: „Es erhebt sich insbesondere die Frage, ob der Mensch nun auch, nachdem aus dem mechanischen Ablauf der Naturkräfte die Technik geworden ist und den Menschen zum Herrn der Kräfte gemacht hat, in der Wirtschaft an die Stelle des Unterworfenseins unter *das wirtschaftliche Naturgeschehen die bewußte Wirtschafts-Technik setzen will*. Das ist eine der großen Entscheidungsfragen."

Plan- und Gesamtwirtschaft folgt nicht nur aus der konstruktiven Grundhaltung des technischen Menschen, sondern auch aus den sachlichen Erfordernissen des Produktionsprozesses (subjektive und objektive Seite stimmen überein). Die moderne Technik erzwingt, je mehr sie ökonomisch betrieben wird, planwirtschaftliches und gemeinwirtschaftliches Gefüge ständig wachsenden Ausmaßes. So hat schon heute ein großes technisches Gebiet gemeinwirtschaftliche Formen sachnotwendig erzwungen, das Gebiet der kommunalen Technik und der Verkehrstechnik: Straßen- und Verkehrsbauten, Nachrichtenwesen, Licht-, Gas- und Wasserversorgung, Rettungswesen, Feuerwehr, Kanalisation, Müllabfuhr und -Verbrennung, Einfluß städtebaulicher Maßnahmen auf Hygiene, Kriminalität, Recht, Verkehr, Bodenpreis und Miete, Desinfektion, Landesvermessung und vieles andere mehr. Aber auch die privatwirtschaftlich genutzte Technik hat ständig wachsende planwirtschaftliche Formen erzwungen in den Gemischtwerken, horizontalen und vertikalen Kombinationen, soweit sie nicht aus markttechnischen und steuertechnischen Gründen erfolgte. Aber immer größere Wirtschaftsgebiete werden aus Gründen reiner technischer Ökonomik miteinander *gekoppelt*, und das heißt in den Folgen, planwirtschaftlich betrieben: Hochwasserschutz erzwingt eine Talsperre, bei der ein Kraftwerk und Trinkwasserversorgung anfällt, zudem läßt sich gleichzeitig für Schiffahrtszwecke der Wasserstand regulieren; eine Trinkwasserversorgung erfordert einen Stausee, bei dem ein Primärkraftwerk anfällt, eine nah gelegene Höhe gibt Gelegenheit zu einem hydroelektrischen Speicherwerk, dem der Stausee als unteres Ausgleichbecken dient, ferner dient der

[1]) Julius Hirsch „Neues Werden in der menschlichen Wirtschaft" (in „Die neue Rundschau", 1928).

Stausee als Erholungsgebiet (Sozialanlage) der Stadtbevölkerung; ein Braunkohlengroßkraftwerk muß auf der Kohle errichtet werden, zwecks Nutzung der anfallenden Abwärme und des überschüssigen Nachtstroms werden chemische Industrien angesiedelt oder Großtreibhäuser angeschlossen; Kokereien erzwingen Ferngasversorgung; siedlungs- und entwässerungstechnische Aufgaben führen zum Siedlungsverband Ruhrkohlenbezirk und zur Emschergenossenschaft; Radio erzwingt gemeinwirtschaftliche Betriebsform; chemischen Prozessen werden zwangsläufig Prozesse angeschlossen, die die anfallenden Abfälle verarbeiten; usw. usw. Das alles ist eine sachnotwendige Folge technischer Ökonomik; denn der optimale Zustand tritt nicht im freien Spiel der Kräfte von selbst ein, sondern muß erarbeitet, muß geplant, muß konstruiert werden. Dabei gilt als Regel, daß die umfassende Konstruktion die ökonomischere ist, und daß für den größeren Lösungsbereich oft die Lösungen des kleineren Bereichs falsch, d. h. unökonomisch sind. In der sogenannten „Wärmewirtschaft“, eigentlich Wärmeökonomik, läßt sich das beispielsweise gut verfolgen. Die Kraftanlage für sich erfordert Energienutzung der Abwärme durch Kondensation. Die Kraftanlage im Fabrikationswerk erfordert Nutzung der Abwärme in Heizgeräten und Vernichtung der zu viel anfallenden Abwärme durch Kondensation oder Erzeugung des Wärme-Mehrbedarfes durch Zusatz von Kesselfrischdampf. Der Betrieb mehrerer Werke erfordert Ausgleich der Mehrwärme oder Mehrenergie durch Koppelung der Werke. Das steigert sich bei gleichzeitig steigender Gesamtnutzung bis zur Weltenergieökonomik (Weltkraftkonferenz).

Vollendete technische Ökonomik würde schließlich zu einem geschlossenen Weltwirtschaftssystem führen. Dieses muß deswegen aber noch nicht eine technische Wirtschaft sein, ebensowenig wie die planwirtschaftlichen Teilgebiete heutiger Wirtschaft (technisch „Kopplungen“) schon Gebilde technischer Wirtschaft sind. Die technischen Kopplungen beweisen nur, daß die Wirtschaft des technischen Menschen auf plan- und gesamtwirtschaftliche Strukturen drängt, daß sie den ungelenkten anarchischen Teil der Wirtschaft immer mehr einschnürt. Die großen Produktionsgebilde (Konzentrationen) können aber durchaus in kapitalistischem Geist und zu kapitalistischen Zwecken betrieben werden. Selbst die Kommune oder der Staat können sie zu fiskalischem Gelderwerb betreiben (Staatskapitalismus). Technische Wirtschaft hängt also von noch weiter zu erörternden Bedingungen ab.

Wesentlich ist vor allem das Wirtschaftsziel. Ob die Wirtschaft den kapitalistischen Unternehmern möglichst hohen Gewinn oder der Allgemeinheit eine maximale materielle Versorgung oder ob sie sozialen Ausgleich bringen oder staatspolitischen Interessen dienen soll, das bestimmt auch die innerwirtschaftlichen Formen und Abläufe. Die Zielsetzung des technischen Menschen findet außer den schon besprochenen Auswirkungen vor allem im Begriff der *„Produktivität"*, im Begriff der „Fruchtbarkeit" ihren Ausdruck, während der entsprechende kapitalistische Begriff die Rentabilität ist. Die Fruchtbarkeit oder die Ergiebigkeit einer Wirtschaft kann gemessen werden in dem jährlichen Geldwert der erzeugten Güter und Leistungen. Selbstverständlich bringt auch das kapitalistische Streben nach Gewinn (Rentabilität) eine außerordentliche Steigerung der Produktivität hervor, aber nicht, weil der kapitalistische Mensch höchste Fruchtbarkeit will, sondern weil oft eine hohe Ergiebigkeit der Erzeugung auch hohe Rentabilität in Aussicht stellt. Aber nicht immer fallen Rentabilität und Produktivität zusammen, und eben deshalb nur hat ihre Unterscheidung einen Sinn. Schon im einzelnen Produktionsbetrieb können produktive Maßnahmen unterbleiben, wenn die Rentabilität auf anderem Wege bequemer und schneller und dem kapitalistischen Geist gemäßer erreicht werden kann: durch Finanzaktionen, Lohn- und Gehaltskämpfe, Preiskartelle, Eroberung schwächerer Märkte, Zölle usw. Daher auch die unfreundliche Haltung gegen technische Fortschritte, die gewaltsame Einschränkung der Produktion zugunsten hoher Preise, die Vernichtung von Vorräten („rentable Destruktion") und anderes mehr. Noch wichtiger wird die Unterscheidung von privatwirtschaftlicher Rentabilität und gesamtwirtschaftlicher Produktivität. Privatwirtschaftlich unrentable Anlagen können trotzdem gesamtwirtschaftlich von höchster Produktivität sein. Jedes Verkehrsmittel befruchtet das bediente Wirtschaftsgebiet durch Erhöhung seiner Ergiebigkeit, sodaß der gesamtwirtschaftliche Nutzen oft höher ist als die eventuelle direkte Einbuße an der Verkehrsanstalt, das gleiche gilt vom Energiewesen und schließlich von allen Erzeugungszweigen, da jeder Zweig wieder andere Zweige befruchtet[1]). Diese gesamtwirtschaftlichen (universalistischen) Theorien der Produktivität werden innerhalb einer technischen Wirtschaft doppelt wichtig, da einmal der technische Mensch grundsätzlich Wirtschaft als Zusammenarbeit, also gesamtwirtschaftlich begreift, und da zweitens die immer stärker einsetzenden technischen Kopplungen gesamtwirtschaftliche produktivistische Überlegungen sachnotwendig erzwingen. Wenn beispielsweise die Kraftversorgung eines Gebietes weit ab vom Kohlengebiet zu planen ist, so mag es nur mit Rücksicht auf die Kraftversorgung vorteilhaft sein, die Grundlast durch ein Großkraftwerk auf der Kohle mittels elektrischer Leitung zu decken, die Spitzenerzeugung dagegen durch Kohletransport per Bahn ins Versorgungsgebiet zu legen. Gesamtwirtschaftlich ist solche Lösung jedoch zweifelhaft, weil sie die Transportmehrkosten der Spitze einfach der Bahn aufbürdet, eine richtige technisch-ökonomische Lösung aber die Gesamtproduktivität von Energieversorgung *und* Verkehrsmittel zu beachten hätte. Der gesamtwirtschaftliche Produktivitätsbegriff begründet ferner die Fruchtbarkeit der höheren Leistungen des Staatsmanns, Juristen, Lehrer, Künstler, Erfinder usw.

Da Sachwerke durch Zusammenarbeit erzeugt werden und die Wirtschaft eine Folge der Zusammenarbeit ist, so faßt der technische Mensch die Wirtschaft als eine vergemeinschaftende, planvoll zu gestaltende Organisation auf, die der äußeren (Güter) und inneren (Menschen) technischen Fruchtbarkeit zu dienen hat. Zusammenarbeit setzt Solidarität und Kameradschaft voraus, sie ist Miteinander-Arbeiten und nicht Gegeneinander-Arbeiten, *ist Kooporation und nicht Konkurrenz.* Wirtschaft ist für den technischen Menschen wieder gemäß ihrem ursprünglichen Sinn eine vorsorglich planende Veranstaltung und nicht Kampf ums Sein und Kampf um den Gewinn. Sie verliert damit ihren abenteuerlichen, spekulativen und schicksalhaften Charakter, sie verliert ihre Freiheitsansprüche, wird gebunden, ihr Expansionswille gehemmt und damit ihr Interesse auf den Binnenmarkt gerichtet. *Das Grundprinzip der technischen Wirtschaft ist die gemeinschaftliche*

---

[1]) Siehe Friedrich List's „Theorie der produktiven Kräfte" und daran anschließend O. Spann's Lehre von den „Leistungen".

116

Arbeit und nicht der Eigennutz, ihre Grundhandlung die Produktion und nicht der Tausch, der entscheidende Ort ihres Wirtschaftsgeschehens die Werkstatt und nicht der Markt, ihr entscheidender Wert der Dienstwert und nicht der Tauschwert. Sie bildet Leistungs- und nicht Interessengemeinschaften.

Zusammenarbeit erfordert Gemeinschaftswille und Solidarität. Sie fordert eine entsprechende wirtschaftliche Herrschaft und *Leitung.* Technische Zusammenarbeit erfolgt gemäß den sachlichen Notwendigkeiten der Werkerzeugung, sie erfordert darum sachliche Führung und Einordnung. Anspruch auf Leitung hat der Sachkundige und nicht der privatrechtliche Verfüger der Produktionsmittel. Alle Betriebsanordnungen gründen sich auf sachliche Notwendigkeiten und nicht auf wirtschaftliche Gewalt, auf objektives Gesetz und nicht auf subjektive Willkür. Somit tritt an die Stelle von wirtschaftlicher Abhängigkeit und Konkurrenz die sachliche Einsicht, an Stelle von Kampf wieder Maß und Gesetz und damit Gerechtigkeit. Unbeschränktes privates Eigentumsrecht an Gütern *gemeinschaftlicher* Arbeit widerspricht dem Wesen der Zusammenarbeit und damit technischer Gesinnung und Gesittung. Abbé's Gründung eines überindividuellen Besitzrechtes entsprang technischem Menschentum, wie auch Ford's Auffassung: „Eine Maschine gehört nicht dem, der sie kauft, oder dem, der sie bedient, sondern dem Publikum." [1])

Konstruktive Wirtschaftsführung will *stabilen Wirtschaftsablauf.* Sie versucht Krise und Konjunktur zu beherrschen. Sie drängt auf Standard, Serie, Typ und Norm, zwingt die maßlose Vergrößerungstendenz und den ungehemmten Ausdehnungsdrang und den wirtschaftlichen Imperialismus unter den gesamtwirtschaftlichen Plan. Je vollendeter die technische Produktion ist, umso spezieller ist sie (Eintyp-Betriebe), umso dringender benötigt sie eine konstante Fabrikation. Die vollendete Maschine fordert die vollendete Wirtschaft, der technischen Idee der vollkommenen technischen Lösung schließt sich die Idee der vollkommen beherrschten Wirtschaft an. Die vollendete Technik erzeugt sogar die sachlichen Bedingungen eines stabilen Wirtschaftsumlaufes. Sachkritischer Konsum bildet allmählich das beste Konsumtivgut und damit konstante

---

[1]) Henry Ford „Das große Heute, das größere Morgen", 1926.

Massennachfrage. Massenfabrikation dämpft den technischen Fortschritt ab, da sie infolge ihrer verautomatisierten Massenfertigung neuen besseren technischen Lösungen mit zunächst kleiner Produktion und geringer Fertigungserfahrung und großem Risiko noch lange wirtschaftlich überlegen bleibt. Technische Wirtschaft setzt an Stelle des ewigen wirtschaftlichen Experiments des Konkurrenzkampfes mit seinen Verlusten (Krisen, Reklame, Zusammenbrüche usw.) die wirtschaftliche Konstruktion, an Stelle der ungleichförmigen wirtschaftlichen Oszillation die gleichförmige wirtschaftliche Rotation. In der hochentwickelten technischen Massenproduktion ist zudem die Krise ein völlig unzulängliches Mittel wirtschaftlicher Auslese, da gerade die technisch guten Betriebe mit starrem Produktionskoeffizienten und großem Festkapital bei vermindertem Durchsatz am stärksten mit Leerlaufkosten belastet werden und weniger anpassungsfähig und darum gefährdeter sind als veraltete Betriebe mit variablem Produktionskoeffizienten und geringem Festkapital.

In der kapitalistischen Wirtschaftstheorie wird die *Einkommensbildung* marktmäßig und somit als wirtschaftsgesetzlich und damit naturnotwendig erklärt, wenn freie Wirtschaft und ungebundenes Eigentumsrecht vorausgesetzt wird. Eine technische Wirtschaft mit anderen Voraussetzungen muß auch eine andere Einkommensverteilung nach sich ziehen. Aus dem Wirtschaftsmechanismus läßt sich die Einkommensverteilung niemals begründen, da dieser Mechanismus selbst Menschenwerk ist und seine Änderung auch die Einkommensverteilung ändern muß. Der jeweilige Verteilungsmechanismus kann also nur die verteilungs*technische* Methode erklären, nicht aber die verteilungs*ethische* Gerechtigkeit rechtfertigen. Er basiert zudem ja auf Rechtssätzen (Recht auf freie Wirtschaft, Eigentums- und Erbrecht, Sozialrechten u. a.), also auf ethischen Normen. Der technische Mensch wird gemäß seiner wesenseigentümlichen Gesittung auch eine spezifische Sozialethik der Güterverteilung entwickeln. Diese soll hier wenigstens andeutungsweise durch die Haltung des technischen Menschen zu den Einkommen aus Rente und Zins skizziert werden.

Renten entstehen in der kapitalistischen Wirtschaft durch Unterschiede in der Qualität oder Lage von nicht beliebig ver-

118

mehrbaren Gütern wie Böden, Grundstücken, Bergwerken, Wasserkraftwerken usw. oder durch Unterschiede in der Begabung von Unternehmern oder Arbeitern oder durch Unterschiede in der Kapitalkraft, Betriebsform u. a. Renten sind also Differentialrenten und Folgen eines differentiellen Monopols (soweit sie nicht reine Monopolrenten sind). Renten entstanden und entstehen immer nur bei Vergrößerung der Wirtschaft: Bevölkerungszuwachs erzwingt die Bearbeitung schlechterer Böden und gibt den besseren eine Rente; die wachsende Stadt bringt höhere Grundstückspreise; steigende Unternehmerzahl bei aufsteigender Wirtschaft beschäftigt mehr und damit schlechtere Unternehmer, sodaß den tüchtigeren eine Rente (Unternehmergewinn) zufällt. Renten werden somit durch die erhöhte Prosperität der Gesamtwirtschaft erzeugt, sie sollten daher auch der Gesamtheit und nicht zufälligen Einzelnen zufallen. Daß sie überhaupt anfallen, ist eine Folge des Marktmechanismus; denn innerhalb einer Planwirtschaft oder innerhalb eines technischen Produktionsgebildes müßte sich der Preis nicht nach der schlechtesten, noch in Anspruch zu nehmenden Produktion richten, sondern nach den Durchschnittskosten sämtlicher betriebenen Produktionen. Innerhalb einer konstruktiven gesamtwirtschaftlichen Führung tritt also beispielsweise bei Verdoppelung der Produktion und doppelten Kosten des neuen Betriebes nicht eine Preissteigerung auf das Doppelte und eine Rente von 1 bei Gesamtproduktionswert 4 auf, sondern der Gesamtproduktionswert wird 3, der Preis steigt also nur um das 1,5 fache. Außerdem erstrebt die moderne Technik grundsätzlich die Überwindung der rentenbegründenden, differentiellen Unterschiede: Sachlicher Aufbau der Produktions- und Wirtschaftsgebilde schaltet immer mehr die persönliche Tüchtigkeit als maßgeblichen Erfolgsfaktor aus, Vervollkommnung des Verkehrs- und Siedlungs- und Standortswesens gleicht die Lagen immer mehr an, technisch wissenschaftliche und technisch betriebliche Gemeinschaftsarbeit nivelliert die Methoden und Verfahren, Agrartechnik flacht die Verschiedenheit der Böden ab. Annäherung an die idealtechnischen Lösungen dämpft den technischen Fortschritt und damit die wirtschaftliche Expansion ab, konstruktive Bevölkerungspolitik balanciert die Bevölkerungszunahme, beide streben einem stationären Wirtschaftszustand zu, in dem keine neuen Renten anfallen.

Die bedeutendste Erklärung des Zinseinkommens ist die Produktivitätstheorie. Nach ihr lassen sich mit Hilfe des Kapitals mehr Güter von höherem Gesamtwert (Preis) erzeugen als ohne Kapital. Das Kapital erhöht den Ertrag und dieser Mehrertrag fällt ihm als Zins zu. So ist die Theorie und auch die Praxis der Zinsverteilung. Tatsächlich jedoch erhöht nicht das Kapital die Produktivität, sondern erst der technische Ideenbesitz macht die Produktion ergiebiger. Konsumtivkredit oder Ansammeln von Gütern erhöht nicht die Produktivität. Erst wenn die Ersparnisse zum Bau ergiebigerer Produktionsumwege verwendet werden können, erst dann tritt Erhöhung der Produktivität und damit Zins auf. Damit das möglich ist, müssen jedoch ergiebigere Produktionsumwege erfunden sein, ergiebigere technische Verfahren also. Die Erhöhung der Produktivität wird somit in erster Linie durch die Verbesserung der technischen Verfahren erzielt. Damit diese eingeführt werden können, damit zu ihrer Herstellung Arbeiter anderen dringenderen Produktionen entzogen werden können, mußte allerdings zunächst an den dringlicheren Gütern gespart werden. Die gesamtwirtschaftliche Leistung des Kapitalisten besteht also in jenem Sparen, das die Durchführung der Produktionsverbesserungen erst ermöglicht. Der Mehrertrag der Produktivitätssteigerung (Zins) ist also zumindest bedingt durch das Sparen des Kapitalisten *und* die Verbesserung der technischen Verfahren, die Leistung des Kapitalisten liegt also nur in der *Mit*wirkung und nicht in der *Allein*wirkung der Ergiebigkeitssteigerung. In einer stationären Wirtschaft (Mittelalter) wird demnach ein Zinsverbot durch die Unmöglichkeit produktiver Kapitalanlagen gerechtfertigt. In einer stationären Wirtschaft ist sogar die Kapitalhäufung über den vorhandenen Edelmetallbestand und die nicht ausdehnbare Produktion und Genußgüterhäufung hinaus unmöglich. So soll beispielsweise die römische Sklavenhaltung hauptsächlich der Kapitalthesaurierung gedient haben, die Sklaven wurden nur beschäftigt, um die Kosten ihrer Haltung zu decken. Erst die Schöpfung neuer technischer produktiver Verfahren und neuer technischer Dienstzwecke oder die Bevölkerungsvermehrung ermöglichen überhaupt erst eine Kapitalanhäufung über den natürlichen Standard hinaus, Technik oder Bevölkerungszuwachs schaffen also erst die Möglichkeit von Kapitalhäufung überhaupt und dann noch die Möglichkeit zu produktiven Kapitalanlagen. Die Sparmöglichkeit des Kapitalisten wird somit erst ermöglicht durch gesamttechnische und gesamtwirtschaftliche Leistungen, für seine wirtschaftliche Leistung erhält er als Gegenleistung der Gesamtheit die Möglichkeit der Rücklage und Lebenssicherung und darüber hinaus noch ihren rechtlichen Schutz. Daß er außerdem noch den gesamten Zins *erhält,* daß am Zins nicht auch die Gesamtheit für ihre gesamttechnische Leistung der Produktivitätssteigerung und der Rücklagebildung überhaupt und ihre gesamtwirtschaftliche Leistung der wirtschaftlichen Extensivierung und Intensivierung und ihre rechtliche Leistung des Eigentumschutzes beteiligt wird, dagegen wird sich das Gerechtigkeitsgefühl des technischen Menschen stets wenden. Der technische Mensch wird deshalb auch nicht als „Produktionsfaktoren" nur Arbeit, Kapital und Natur anerkennen, sondern auch den Bestand an technischem Wissen, die sogenannten Kapitalien höherer Ordnung und sonstige Faktoren in sie einbeziehen. Denn die Produktionsfaktoren dienen der Wirtschaftstheorie wesentlich zur Begründung der Einkommenverteilung und nicht zur Entwicklung einer allgemeinen Produktionstheorie. Sie sind für sie eben *wirtschaftliche* Faktoren. Und wenn der Autor des Artikels „Produktion" im „Handwörterbuch der Staatswissenschaften" andere Faktoren als Arbeit, Natur und Kapital nicht anerkennen will, weil es auf sie bei der praktischen Preisbildung nicht ankomme, so stellt er damit lediglich einen Tatbestand *heutiger* Wirtschaft fest, bleibt aber die verteilungsethische Begründung schuldig. Er konstatiert, wie es *ist,* ohne zu fragen, wie es *sein sollte.*

e) Die Sozialwelt des technischen Menschen

Ein Mensch ist technisch, wenn seine Interessen überwiegend auf die Erzeugung von Sachwerken gerichtet sind. Sachwerke werden arbeitsteilig hergestellt, sie erfordern Zusammenarbeit und begründen Leistungsgemeinschaften. Sachwerkerzeugung wirkt vergemeinsamend und nicht vereinsamend. Die Sachwerkerzeuger sind sich Mitarbeiter, Produktionskameraden, Genossen, Produktionsführer und nicht Vorgesetzte, Berater und nicht Befehlende. Sie stellen keine isolierten Tauschgegenstände her, sondern Teile eines Ganzen, Teile des Sachwerks. Technische Leistungen sind stets kollektive Leistungen, sie fußen auf der Vorarbeit ungezählter Vorläufer, auf der Mitarbeit zahlreicher Werkschaffender. Technische Werke sind anonym. Wie viel Vor-Denker und Vor-Probierer hatte James Watt, wie viele Mitarbeiter, wie viel arbeiteten an der Vollendung seines Werkes! Technik ist nicht das Werk Einzelner, sondern kollektives Werk.

Technisches Werk bleibt auch nicht in den Händen seines Erbauers, es dient anderen Menschen. Der kapitalistische Mensch behält das Ziel seiner Arbeit, den Gewinn, für sich. Er wird immer wieder auf sich selbst verwiesen. Außerdem machen die technischen Werke die Menschen voneinander stets abhängiger. In der eigenwirtschaftlichen Betriebsform wurde Nahrung, Kleidung, Licht usw. selbst hergestellt. Die moderne Technik teilt die Herstellungen ständig weiter auf, sie verflicht den Einzelnen immer tiefer in das gesamte Gewebe. Jeder hängt vom anderen ab.

Technik verbindet die Menschen; darin sind sich alle Beurteiler der Technik einig. Das hat seine positiven und negativen Seiten. Es erhöht die Kollektivität, schränkt aber die individuelle Freiheit ein. Der technische Mensch muß wesensnotwendig, da er kooperative Sacherzeugung will, eine liberalistische und individualistische Gesellschaftsform ablehnen. Die Produktionsgemeinschaft ist für ihn das Vorbild jeglicher Gesellschaftsbildung, er bildet Leistungs- und nicht Interessengemeinschaften, Gemeinschaften gemeinsamer Werktat und nicht solche des Blutes oder der Nation oder der Tradition. Er beurteilt seinen Mitmenschen nach seiner produktiven Kraft und Gesinnung und Gesittung, er beurteilt sie als Mitarbeiter und nicht als Geschäftspartner. Er tauscht nicht gegen Vorteil, sondern er gibt Leistung gegen Leistung. Er schiebt ihnen keine Nützlichkeitsmotive, sondern Leistungsmotive unter. Er schätzt Berufe nicht nach Einkommen und als Wert der Arbeit nicht ihren Geldwert, sondern er schätzt Berufe und Arbeit nach ihrer baumeisterlichen Kraft, ihrem handwerklichen Können, ihrer Schaffensfreude und ihrem Gestaltungswillen und Verantwortungsgefühl. Gefälligkeit und Teilnahme erwachsen ihm aus Schaffenskameradie, und nicht um ihrer wirtschaftlich werbenden Kraft willen. Anerkennung liegt für ihn in der Güte und Größe und Schönheit des Werkes.

Technische Arbeit erfordert hohe moralische Qualitäten: Verantwortung, Pflichtgefühl, Zuverlässigkeit, Gewissen, Achtung der menschlichen Würde auch des geringsten Arbeiters, Einordnung, Verzicht auf subjektive Neigungen, Demut und Ehrfurcht vor Menschen und Menschenwerk und den Gaben der Natur, Selbstzucht, Selbsterziehung, Kameradschaft, Unbestechlichkeit, aber auch Fähigkeit zu Freude und Hingabe und Begeisterung und deren Erweckung im Mitarbeiter, Humanität und vieles andere mehr; Tugenden, die der technische Mensch durchaus erst noch zu erarbeiten hat. Denn der idealtypische technische Mensch, der bei unserer Analyse stets gemeint ist, ist nicht der praktische technische Mensch, sondern dessen ideales Vorbild. Unsere Analyse stellt nicht den technischen Menschen dar wie er ist, sondern wie er sein sollte. Wie müßte ein Mensch sein, damit er möglichst viel Gewinn mittels Kapital erwirbt? Das war die leitende Frage bei der Analyse des kapitalistischen Menschen. Wie müßte ein Mensch sein, damit er möglichst gut Sachwerkerzeugung betreibt? Das ist die leitende Frage bei der Analyse des technischen Menschen.

Der baumeisterliche Mensch geht bei allen sozialen Fragen von dem Grunderlebnis der Zusammenarbeit aus. Zusammenarbeit ist Arbeit nach vorgedachtem sachlichen Plan, sie gründet Anordnungen und Machtbefugnisse und Führung auf sachliche Notwendigkeiten und nicht auf Reichtumsmacht (Kapitalismus) oder Gewaltmacht (Diktatur) oder Traditionsmacht oder Demokratie usw. Sachliche Einsicht und Sachkennen und -können werden sachnotwendig von jedem Mitarbeiter verlangt, jeder Mitarbeiter hat darum für seinen Bezirk Mitarbeits- und Mitführungsrecht. Jeder hat das Recht, an der idealtechnischen Lösung mitzuarbeiten; jeder hat die Pflicht, sich den sachbesten Lösungen einzuordnen. Damit wird auch ein spezifischer Freiheitsbegriff gesetzt; dem technischen Menschen ist Freiheit schlechthin kein Ideal, sondern Freiheit und Bindung erhalten ihren Sinn vom Ziel des Werkschaffens her. (Deshalb ist auch E. Zschimmers „Philosophie der Technik" [1]), die Technik gleich materielle Freiheit setzt, abzulehnen. „Freiheit von" ist ein negativer Begriff, erst „Freiheit zu" — und das ist auch Bindung! — ergibt einen positiven Gehalt.) *Für den technischen Menschen ist die Werkstatt* (Konstruktionsbüro, Versuchsfeld, Baustelle usw.) *der entscheidende soziologische Raum* und nicht etwa die Buchhaltung oder der Verein oder die Stadt oder die Familie oder die militärische Truppe oder die religiöse Gemeinde oder der Staat. Hier in der Werkstatt liegen auch alle spezifisch technisch-soziologischen Probleme. Der Raum der heutigen Werkstatt ist durchaus kein technischer Raum. Er rechnet mit Arbeitskräften statt mit Mitarbeitern, er ist nur technischer Prozeß, aber nicht technisch soziale Ordnung, er ist gerichtet auf den Kassenraum und die Buchhaltung und nicht auf die werktätigen Menschen und das Werk, er ist entseelt und entgeistigt, kurz, er ist kapitalistischer Hilfsraum und nicht technischer Hauptraum.

Aus dem Wesensgehalt der technischen Arbeit folgt auch eine wesenseigentümliche Stellung zum *Staat*. Der technische Mensch vermag ebensowenig wie der kapitalistische Mensch im Staat um der Staatsidee willen oder im Volks- und Nationalstaat Ziel und Wert und Forderung zu sehen. Begreift der kapitalistische Mensch den Staat nur in Hinsicht auf seine gewinnschützende und -bringende Nützlichkeit, so begreift der technische Mensch ihn entsprechend nur, soweit er Werkerzeugung schützt und Leistungsgemeinschaft ist. Er wird demgemäß eine sachgesetzliche und konstruktive Staatsführung, ähnlich der technischen Werkführung erstreben, Zufälle und

---

[1]) Eduard Zschimmer „Philosophie der Technik", 1919.

Willkür und Kampf ausschalten, Kriege und militärisches Heldentum als destruktive, werkzerstörende anarchische Gewalten bekämpfen, übernationale Werkgemeinschaften fordern und den Staat nur als ein Leistungsgebilde unter vielen kleineren und größeren auffassen und dementsprechend würdigen. Er wird gemäß den Tendenzen technischer Ökonomik möglichst große Produktionsgebilde — also letztlich ein die Erde umspannendes System — erstreben und gemäß den sachtechnischen Tendenzen der Verkehrs- und Nachrichtentechnik usw. immer mehr ermöglichen und erzwingen.

Der technische Mensch hat ebenfalls einen wesensnotwendigen *Rechts*begriff. Aus der kooperativen Grundtatsache technischen Schaffens folgert er ein Recht von produktivistischer, gemeinschaftlicher Gesinnung. Die scharfe Trennung von privatem und öffentlichem Recht kann dann nicht aufrecht erhalten werden. Sozial- und Arbeitsrecht finden ihre Begründung durch den Wesensgehalt technischer Arbeit, das Eigentumsrecht und Erbrecht und Zinsrecht wird der technische Mensch gemäß seiner besonderen Gesittung zu ändern streben. Recht hat der technischen Fruchtbarkeit zu dienen. Recht ist auf sachlich fundierte Gerechtigkeit zu gründen.

f) Die Kultur des technischen Menschen

Der technische Mensch will Sachwerke schaffen. Dabei muß er die Eigenschaften der verwendeten Stoffe und Energien kennen. Der vollentwickelte technische Idealtypus wird diese Kenntnis in wissenschaftliche Form und Gültigkeit bringen, er wird ein inniges Verhältnis mindestens zu Mathematik und Naturwissenschaften haben. Sein Schaffensgebiet läßt sich vorzüglich scientifizieren, da es auf Gesetz, Maß, Zahl und Funktion geht, während der wissenschaftliche Gehalt der kapitalistischen Arbeit nur in der simplen Arithmetik der doppelten Buchhaltung und Zinsrechnung besteht. Aber er wird *Wissenschaft* nicht um der reinen Erkenntnis willen betreiben und würdigen, sondern sie wie der kapitalistische Mensch wegen ihrer praktischen Verwendbarkeit schätzen. Aber diese pragmatische Haltung des technischen Menschen zur Wissenschaft ist sehr verschieden von der pragmatischen kapitalisti-

schen Wissenschaftsverwertung. Die kapitalistische Nützlichkeit
einer Wissenschaft ist von ihrem Wahrheitsgehalt in weitem
Maße unabhängig, während die technische Anwendungsmöglich-
keit einer Wissenschaft gerade auf ihrem Wahrheitsgehalt
beruht. Auch Irrlehren können kapitalistisch vorzüglich aus-
genutzt werden, technisch jedoch führen sie notwendig zum
Mißerfolg. Technischer Erkenntniswille deckt sich infolgedessen
im Effekt mit reinem Erkenntniswillen, Sachkenntnis um der
Werk- und Wirkfähigkeit willen muß notwendig Wahrheits-
kenntnis sein.

Der technische Mensch ist jedoch nicht nur praktischer
Wissenschaftler, Technik ist etwas anderes als „angewandte
Naturwissenschaft“. Mit größerem Recht läßt sich sogar be-
haupten, daß die Naturwissenschaft europäischen Gepräges,
soweit sie mehr als Naturbeschreibung und Klassifizierung ist,
eine grundsätzlich technische Wissenschaft sei. Denn sie untersucht nur diejenigen Seiten der Natur, die technifizierbar sind;
sie ist keineswegs die Wissenschaft von der gesamten Natur,
sondern nur die Wissenschaft von den menschlichen Eingriffs-
möglichkeiten in die Natur [1]). Und wenn schon Bacon das Ziel
der Wissenschaft darin sieht, „das menschliche Leben mit neuen
Erfindungen und Mitteln zu bereichern“, so hat er damit die
prinzipielle Haltung der naturwissenschaftlichen Begriffsbildung tatsächlich formuliert. Die positiven und positivisti-
schen europäischen Wissenschaften sind Ausdruck eines technischen Naturerlebens und -begreifens, sie sind rationale Weltanschauung, d. h. sie glauben an die vernunftgemäße Gestaltung der Welt durch den Menschen. Das ist auch die entscheidende Haltung des baumeisterlichen Menschen, der somit in
einem tiefen und maßgeblichen Sinn an der rationalen Wissenschaft teil hat. Der kapitalistische Mensch hingegen ist ein
durchaus irrationaler Typus, der an Kampf, Glück, Wagemut
und das „Spiel der freien Kräfte“ glaubt, er ist zwar rationalistischer Methodiker (Verstand), aber nicht Rationalist von
Weltanschauung (Vernunft).

Der Rationalist von Weltanschauung — und das ist der
technische Mensch — setzt den Geist an die Welt nicht nur an,

---

[1]) S. a. Max Scheler „Soziologie des Wissens“, 1924.
„Vom Ewigen im Menschen“, I. Bd., 1921.
Hans Freyer „Philosophie und Technik“, 1927.

126

um erfolgreicher seinen Zielen zuzustreben, er sieht in der vernunftgemäßen Gestaltung der Welt ein großes und hohes und erhebendes Ziel an sich, er empfindet es geradezu als sittliche Forderung des geistigen Menschen. So arbeitet der technische Mensch zwar als rationalistischer Methodiker, aber er verwirklicht gleichzeitig die Gesetzlichkeit der Natur und das Gesetz des Geistes in seinen Werken. Technisches Werk ist zweckmäßig, technisches Werk ist aber darüber hinaus geistgemäß, es ist verständig und darüber hinaus auch vernünftig. Eine Brücke ist eine Verkehrsgelegenheit, eine Brücke ist aber auch Sinnbild und Verkörperung geistiger Klarheit, Kraft und Würde.

Das Handeln des technischen Menschen wird durch werkvernünftige Motive, also auch durch theoretische Motive entschieden. Er beugt sich verpflichtender Erkenntnis, er sucht die Entscheidungen und Erfüllungen des Lebens in der Gesetzlichkeit des Geistes und des Werks und nicht im Glücksspiel des Wirtschaftskampfes oder des militärischen Krieges. Da Werkbau immer und überall Einsicht und Erkenntnis und Maß verlangt, so wird der technische Mensch stets Gesetz und Ordnung und Sauberkeit und Klarheit und Bindung fordern, er wird auch die letzten Dinge des Seins lieber durch philosophische Vernunft als durch religiöses Gefühl entscheiden lassen.

Technisches Schaffen ist Gestaltung sinnlicher, plastischer Materialien und wirkender Energien zu greifbaren Werken und Formen. Der technische Mensch muß komponieren, modellieren, konstruieren. Seine Arbeit berührt sich sehr mit der des *Künstlers*. Hochbau grenzt an Architektur, Gebrauchsgüterbau an Kunstgewerbe, Brücken- und Auto- und Schiffsbau usw. stellen auch schönheitliche, ästhetische Ansprüche. Der technische Mensch schafft zwar nicht wie der reine Künstler um ästhetischer Werte willen, aber er hat in seinem Sachwerkschaffen auch formale, rhythmische, koloristische und sonstige ästhetische Momente zu beachten. Die „Schönheit der Technik" wird heute nicht mehr bestritten, die Beziehungen zwischen Technik und Kunst sind für beide Gebiete so außerordentlich fruchtbar und greifbar, daß hier auf ihre Analyse verzichtet werden kann.

Der technische Mensch ist wie der kapitalistische ein diesseitiger Mensch. Er will bauen, Werke dieser Erde bauen, nützliche und schöne und gute und beschwingende und große Werke. Er ist zuversichtlich, denn er kann bauen; er ist geborgen in einer Welt, die er lenken kann und die ihm nicht nur Baustoffe schenkt, sondern sogar willig für ihn arbeitet. Er sucht nicht die innere Erlösung, er will im Werk und durch das Werk erlösen. Er sucht nicht Schuld, Sühne, Opfer und Reinigung, sondern die Seligkeit des Werkes. Er kann seine baumeisterliche Aufgabe in mannigfacher Weise zu den göttlichen Mächten in Beziehung setzen: er kann sich als Vollender des göttlichen Schöpfungswerkes betrachten, er kann sich auf Schöpfungsmythen oder die Kultur Ägyptens oder den arbeitsethischen Aufbau Chinas berufen, er mag sich als selbstherrlicher, Gottes nicht bedürfender Schöpfer empfinden. Immer aber wird er *Raum und Zeit* durch Gestaltung zu überwinden suchen, indem er die eigene Vergänglichkeit in die Dauer des Werks wirft, die wandelbare Unvollkommenheit im vollendeten Werk zu ewiger Dauer zu zwingen sucht, um so die Welt zu erlösen. Er will nicht unendlichen Gewinn und damit unendliche Bewegung und ewig unerlöstes Streben, er will das vollendete Bauwerk, den vollendeten Erdenbau, die utopische Erlösung der ewigen vollkommenen Dauer, die ewige Gegenwart statt der unendlichen Zukunft. Er ist Klassiker und nicht Romantiker, Mensch des Maßes und des Gesetzes. Er hat seine besonderen Stärken und Leistungen, die unter anderem Aspekt als Schwächen und Mängel erscheinen: Sein Optimismus und sein Zukunftsglauben als Mangel an Tiefe und Tragik, seine Gestaltungskraft als Werkbesessenheit, seine konstruktive Begabung als Mangel an Wagemut, sein Kollektivismus als Mangel an persönlicher Einmaligkeit und Größe, seine Geistigkeit als vitale Schwäche.

Hier jedoch waren seine Eigenschaften zu entfalten und zu beschreiben, nicht zu werten. Es war vor allem zu zeigen, daß der technische Mensch ein selbständiger möglicher Menschentypus ist, daß also der technische Mensch durchaus nicht notwendig der Diener der Wirtschaft ist. Damit ist auch eine breitere Basis für die Klärung des Verhältnisses von Technik und Wirtschaft gewonnen.

www.ingramcontent.com/pod-product-compliance
Lightning Source LLC
Chambersburg PA
CBHW031447180326
41458CB00002B/679

* 9 7 8 3 4 8 6 7 6 4 1 8 5 *